"十四五"时期国家重点出版物出版专项规划项目
复杂电子信息系统基础理论与前沿技术丛书

毫米波亚毫米波高效多波束天线技术

卢宏达　刘　埇　刘植鹏 / 著

北京理工大学出版社
BEIJING INSTITUTE OF TECHNOLOGY PRESS

内 容 简 介

本书共8章，第1章介绍本书内容的应用背景和技术背景；第2章介绍毫米波全金属传输线频扫多波束天线；第3章介绍毫米波天馈一体全金属透镜多波束天线；第4章介绍毫米波全金属透镜多波束天线功能复合器件；第5章介绍毫米波全金属透镜多波束天线的极化域拓展；第6章介绍多透镜子阵相控阵多波束技术；第7章介绍亚毫米波表面波透镜多波束天线；第8章介绍亚毫米波全波导网络多波束天线。

本书适合作为电子和通信相关学科研究生学习现代天线理论与技术的辅助教材和参考书，以及多波束技术相关领域科研人员的参考书。

版权专有　侵权必究

图书在版编目（CIP）数据

毫米波亚毫米波高效多波束天线技术／卢宏达，刘埔，刘植鹏著． －－ 北京：北京理工大学出版社，2024.8.
ISBN 978 - 7 - 5763 - 4405 - 9

Ⅰ．TN822

中国国家版本馆 CIP 数据核字第 2024NA7556 号

责任编辑：王梦春	文案编辑：辛丽莉
责任校对：周瑞红	责任印制：李志强

出版发行　／　北京理工大学出版社有限责任公司
社　　址　／　北京市丰台区四合庄路6号
邮　　编　／　100070
电　　话　／　（010）68944439（学术售后服务热线）
网　　址　／　http://www.bitpress.com.cn

版 印 次　／　2024 年 8 月第 1 版第 1 次印刷
印　　刷　／　保定市中画美凯印刷有限公司
开　　本　／　787 mm×1092 mm　1/16
印　　张　／　11.75
字　　数　／　276 千字
定　　价　／　86.00 元

图书出现印装质量问题，请拨打售后服务热线，负责调换

前言

第五代移动通信（5G）毫米波技术和第六代移动通信（6G）亚毫米波技术探索的层层推进，新理论的应用和新老理论的融合，为相关领域研究提供了一片新天地。无线系统前端解决方案，因其关系所有核心应用场景在空间信道层面能否实现，汇聚了众多研究者的目光。超高速率、立体化、超密集用户覆盖的应用场景，以及与之匹配的新频段应用和天线能力提升需求已成为共识。因此，具备低复杂度、高灵活性、高效率特点的新型毫米波亚毫米波波束扫描天线技术，已成为 5G 和 6G 时代不可或缺的使能技术。

多波束天线是目前前沿研究的主阵地之一。其应用场景和搭载平台类型的丰富性，使不同方案的评判标准同样不一而足。当然，性能的保证是其他一切要求的前提条件。我们注意到，手机等小型化终端更注重成本与集成度的平衡，而基站等固定全天候设备则更注重可靠性与效率的平衡。

2010 年前后，著者开始专注于空气填充架构下的毫米波亚毫米波无源器件研究，见证了相关理论突破、技术进步和工艺发展，以及由此带来的器件形态、实现机理的日新月异。2018 年以来，著者团队结合以上需求，专注于空气填充架构下的全金属多波束天线在毫米波亚毫米波频段的高效解决方案。期间，在基本传输媒质运用和优化，以及高性能多波束形成机理方面，取得了一系列成果。多波束形成的核心是波前幅度和相位调控。全金属结构固然可以规避介质材料带来的损耗及不确定性，但其无疑也在相位调控方面受到新制约、面临新挑战。本书以便于工程实现为初衷，以易制备的等效幅度相位调控媒质为前提要素，力求用简洁且具有代表性的方式讲述高效率多波束天线技术。

本书内容主要是著者 2018—2023 年相关工作的提炼。在基本传输媒介方面，涵盖平行板波导、波纹波导、半模波导、表面波波导等形式；在多波束的形成机理方面，涵盖频率扫描、透镜准光、新型波导网络、子阵相控阵等类型；在频率方面，涵盖 5G 规划中较为明确的毫米波频段，以及尚待开发的 300 GHz 以上亚毫米波频段；在极化方面，重点关注线极化多波束的实现，并提出了行之有效的多极化复合方案；在工艺方面，涵盖数控机械加工、精密 3D 打印、介质表面金属化等技术手段。

本书由卢宏达负责第 1、第 3、第 4、第 5、第 7、第 8 章的撰写，刘植鹏和刘埔负责第 2、第 6 章的撰写。书中相关工作的顺利开展，得到多位研究生的支持，他们是参与第 2 章工作的高依麟，参与第 3、第 5 章工作的刘嘉山，参与第 4 章工作的吴根昊，参与第 6、第 7 章工作的聂博宇、甄鹏飞和张彦博，参与第 8 章工作的朱少园。本书由卢宏达、刘埔修改和统稿。本书得以成稿，要感谢北京理工大学毫米波与太赫兹技术北京市重点实验室在学术和平台层面给予的支撑；还要感谢伯明翰大学新兴器件技术（Emerging Device Technology, EDT）研究实验室在亚毫米波实验方面提供的支持，使第 7、第 8 章涉及的研究内容得以顺利开展。特别感谢北京理工大学吕昕教授对相关课题的长期指导，特别感谢北京理工大学孙厚军教授对以上研究提出的宝贵意见，特别感谢伯明翰大学 Yi Wang 教授对亚毫米波相关工作的支持。本书中介绍的理论和技术成果得到了国家自然科学基金项目的支持（批准号：62271047，61901040，12173006）。

本书是著者近几年工作的凝练，诚然，内容难以俱到，仅抛砖引玉，力求代表性和启发性，为从事相关工作的同人们提供参考。书中内容是著者对该领域的自身理解和相关技术的经验之谈，限于水平，难免存在欠妥和错误之处，敬请读者指正。

著　者

目 录 CONTENTS

第 1 章 绪论 ·· 001
  1.1 毫米波亚毫米波多波束天线技术 ·· 001
    1.1.1 由 5G 到 6G，未来已来 ··· 001
    1.1.2 洞察八方的高频"锐眼" ··· 002
  1.2 空气填充高效多波束天线的特点与内涵 ·· 002
    1.2.1 多需求并重 ··· 002
    1.2.2 多层级协同 ··· 003
  1.3 研究现状概述 ·· 004
    1.3.1 媒质-空气填充周期结构 ··· 004
    1.3.2 频扫多波束-漏波天线 ··· 006
    1.3.3 准光多波束-梯度折射率透镜天线 ··· 008
    1.3.4 混合多波束-子阵相控阵天线 ·· 009
    1.3.5 亚毫米波多波束-新机理新工艺天线 ··· 011
  1.4 本书内容安排 ·· 012

第 2 章 毫米波全金属传输线频扫多波束天线 ·· 014
  2.1 漏波天线的基本原理 ··· 014
  2.2 基于波纹平行板波导的漏波天线 ·· 016
    2.2.1 波纹平行板导波结构传播特性 ··· 016
    2.2.2 漏波辐射特性 ··· 019
    2.2.3 开放阻带抑制 ··· 021
    2.2.4 样件案例 ··· 028
  2.3 基于半模波纹波导的漏波天线 ·· 032
    2.3.1 半模波纹波导结构传播特性 ··· 032
    2.3.2 天线结构 ··· 037

  2.3.3 漏波辐射特性 ·································· 037
  2.3.4 缝隙加载的线/圆极化原理 ······················ 038
  2.3.5 样件案例 ···································· 042
 2.4 小结 ·· 046

第3章 毫米波天馈一体全金属透镜多波束天线 ············ 048

 3.1 透镜的基本原理 ·································· 048
 3.2 空气填充全金属龙勃透镜 ·························· 050
 3.3 辐射口径与馈电设计 ······························ 053
 3.4 多波束的透镜天线与反射透镜天线 ················ 054
 3.5 样件案例 ·· 056
 3.6 小结 ·· 064

第4章 毫米波全金属透镜多波束天线功能复合器件 ········ 065

 4.1 功能复合思路 ···································· 065
 4.2 全金属MFE透镜交叉耦合器 ······················ 066
 4.3 全金属各向异性透镜 ······························ 071
 4.4 多波束辐射–多通道传输复合设计 ················ 074
 4.5 样件案例 ·· 077
 4.6 小结 ·· 082

第5章 毫米波全金属透镜多波束天线的极化域拓展 ········ 083

 5.1 金属龙勃透镜模式复合双极化调控方法 ············ 083
  5.1.1 总体思路 ···································· 083
  5.1.2 双模双极化调控周期结构单元 ················ 084
  5.1.3 极化独立的梯度折射率分布 ·················· 087
 5.2 双极化金属龙勃透镜多波束天线 ·················· 088
  5.2.1 天线构成 ···································· 088
  5.2.2 双极化样件案例 ······························ 089
  5.2.3 圆极化性能探讨 ······························ 095
 5.3 小结 ·· 096

第6章 多透镜子阵相控阵多波束技术 ···················· 097

 6.1 基于PMFE透镜的天线单元 ························ 097
  6.1.1 PMFE透镜的工作原理 ························ 097
  6.1.2 表面波模式的PMFE透镜 ···················· 101
  6.1.3 辐射方向图优化 ······························ 105
  6.1.4 样件案例 ···································· 106
 6.2 基于PMFE透镜的相控阵天线 ···················· 109

6.2.1　天线结构与工作原理 …………………………………………………… 109
　　6.2.2　阵列布局 …………………………………………………………………… 111
　　6.2.3　子阵单元 …………………………………………………………………… 117
　　6.2.4　样件案例 …………………………………………………………………… 122
6.3　小结 …………………………………………………………………………………… 132

第7章　亚毫米波表面波透镜多波束天线 …………………………………………… 133
7.1　天线机理 ……………………………………………………………………………… 133
7.2　天线制备 ……………………………………………………………………………… 136
7.3　性能测试表征与讨论 ………………………………………………………………… 137
7.4　小结 …………………………………………………………………………………… 141

第8章　亚毫米波全波导网络多波束天线 …………………………………………… 142
8.1　基于多模波导与慢波传输线的亚毫米波多波束天线 ……………………………… 142
　　8.1.1　多模波导机理 ……………………………………………………………… 142
　　8.1.2　全金属多模波导多波束天线 ……………………………………………… 144
　　8.1.3　样件与性能评估 …………………………………………………………… 148
8.2　基于滑动口径机理和移相波导阵列的亚毫米波多波束天线 ……………………… 151
　　8.2.1　移相器阵列滑动口径多波束天线工作方式 ……………………………… 151
　　8.2.2　滑动口径机理下移相量和馈电设计方法 ………………………………… 152
　　8.2.3　等长度自补偿波导移相器 ………………………………………………… 153
　　8.2.4　天线构成 …………………………………………………………………… 158
　　8.2.5　亚毫米波全金属滑动口径多波束天线制备与评估 ……………………… 158
8.3　小结 …………………………………………………………………………………… 165

参考文献 ……………………………………………………………………………………… 166

第1章
绪　论

1.1　毫米波亚毫米波多波束天线技术

1.1.1　由5G到6G，未来已来

飞速发展的无线技术使毫米波理论与应用方兴未艾，引起国内外各界的广泛关注。毫米波通常是指频率从30 GHz至300 GHz的电磁频谱。相比于低频微波，毫米波的应用不仅意味着更高的频率，还带来了更大的绝对带宽资源，以及更小的设备体积和质量。毫米波的出现，使通信、雷达、成像等应用得以摆脱早已拥挤不堪的低频频谱资源，获得了更加广阔的发展前景，如第五代移动通信技术（fifth generation，5G）、自动驾驶、多维度识别等[1-4]。值得关注的是，早在2015年国际电信联盟举办的世界无线电会议（World Radio Conference，WRC）上，24.25～27.5 GHz、37～42.5 GHz等频段就被规划为5G毫米波备选频段[5-6]，这无疑为毫米波技术的发展提供了极大助力。第三代合作伙伴计划（3rd Generation Partnership Project，3GPP）协议规定的5G毫米波频段（frequency range 2，FR2）覆盖24.25～52.6 GHz。本书编写时，已规划的频段包括n257（26.5～29.5 GHz）、n258（24.25～27.5 GHz）、n259（39.5～43.5 GHz）、n260（37～40 GHz）、n261（27.5～28.35 GHz）、n262（47.2～48.2 GHz）。随着5G的逐步落地，国内外对第六代移动通信技术（sixth generation，6G）的重视程度逐年提升，相关规划和技术探索已开启。以国际电信联盟（International Telecommunications Union，ITU）为代表的诸多国际组织在5G规划的基础上稳步推进6G相关计划。我国也十分重视6G的发展，在政府部门发起和推动下，学术界、产业界已联合开启关键技术研发工作。2019年科技部会同多方召开6G研发工作启动会议以来，先后由工信部推动成立了IMT-2030（6G）推进组，并发布了一系列6G白皮书。我国学术界和产业界于2020年、2022年和2023年先后举办了三届全球6G技术大会后，2023年6月，工信部已确认将全面推进6G研发。在万物智联的愿景框架下，国内外专家学者不断进行有关6G关键技术需求的探讨。值得注意的是，尽管专家学者从不同方面给出了见解，但超高速率、立体化、超密集用户覆盖的应用场景，以及与之匹配的新频段应用和天线能力提升需求已成为共识。第一，新频段方面，5G和6G时代将更加充分利用低中高全频谱资源，毫米波亚毫米波技术将充分发挥优势，担当重要角色，尤其是尚未在5G中涉及的100 GHz以上频段。第二，天线方面，将需要具备更大规模波束形成能力，以提供灵活性高、覆盖范围广的空间波束，且对复杂度、功耗和集成度要求更为苛刻。因此，具备低复杂度、高灵活性、高效率特点的新型毫米波亚毫米波多波束天线，是5G和6G时代不可

1.1.2 洞察八方的高频"锐眼"

天线作为一种耦合空间电磁波装置,是无线系统的耳目,其性能是影响无线系统发射和接收能力的重要因素之一,也是毫米波亚毫米波技术发展的难点之一。如上文所述,随着5G的问世及6G概念的提出,适用于多用户、多应用场景的毫米波多波束天线一跃成为当前无线设备的研究热点[7-8],亚毫米波多波束的解决方案也逐步出现在前沿研究课题中。根据香农定理,信道支持的最大速度 C(信道容量)取决于信道的带宽 B 及信噪比 S/N。相比于低频微波系统,毫米波亚毫米波无线系统拥有更丰富的带宽资源,因而理论上可以获得更大的信道容量。但在很多场景下事与愿违,更高的频率带来了更大的传播损耗,导致传统无线系统架构信噪比降低,需要架设更多的基站并提高终端的输出功率,相比于 sub-6 GHz,毫米波亚毫米波通信的成本和功耗显著增加,这也是毫米波亚毫米波技术至今没有大规模应用的原因之一。此外,作为相控阵技术的延伸,基于移相器、放大器及馈电网络等模拟/数字电路技术的有源天线技术已被应用于多波束系统的设计中。但是,在毫米波亚毫米波频段,工艺、可靠性、效率、批次一致性等因素对有源电路的性能影响较大,尚难以实现大规模量产,导致生产成本居高不下。相比于有源相控阵,无源多波束天线能够降低系统复杂度,减轻有源组件压力,同时也具有较好的波束灵活性,适合毫米波亚毫米波的大规模应用。当然,为使无源多波束技术充分发挥优势,还要在天线效率的提升和可靠性优化方面进一步研究和探索。因此,在毫米波亚毫米波频段,探讨具有高效性能和成本效益的新型无源多波束天线,关注其中的高效波束形成与天馈一体化集成问题,从带宽、增益、极化和辐射效率等多个角度提升天线和系统的射频性能,为毫米波亚毫米波设备装上更加锐利的"眼睛",具有重要的现实意义。

1.2 空气填充高效多波束天线的特点与内涵

1.2.1 多需求并重

天线的创新离不开构建天线必需的传输媒质的支撑,尤其对于毫米波亚毫米波频段,大多数方案尚未摆脱对介质材料的依赖。面对介质材料在高频段面临的损耗问题和介电特性表征难的问题,已有方案设计中存在诸多参数不确定和潜在性能风险。同时,多波束天线的波束扫描范围受限和波束形成灵活性问题尚未很好地解决,单一无源多波束网络和多网络协同设计机理均有多方面潜力尚待挖掘。此外,对于器件形态更小的亚毫米波频段,有源波束扫描面临更大的实现难题,无源多波束技术的利用更为迫切。但受到工艺水平和成本约束的限制,集成实现方案十分欠缺,仅有零星探索性研究,直接影响亚毫米波频段多波束应用的大规模推广。因此,本书结合笔者近年来在多波束天线理论与技术方面的研究成果,围绕具有高效率特征的毫米波亚毫米波多波束解决方案展开介绍,以期与读者一同针对毫米波亚毫米波无线系统对辐射性能和器件复杂度的需求,探究出一条基于空气填充架构的全金属多波束天馈器件技术路线,根据不同的波束形成机理提出一系列天线设计方案,并对实验结果进行展示和剖析。本书涉及的主题如下。

第一，采用空气填充全金属架构实现宽角频率扫描多波束天线。在传输速率要求较低的应用中，频率扫描天线（frequency scanning antenna，FSA，简称频扫天线）作为一种通过改变频率实现波束连续覆盖的天线形式，具有波束切换快捷、馈电结构简单、成本低等优势。现有频扫天线往往采用基于传统金属波导或介质填充传输线的漏波天线（leaky-wave antenna，LWA）形式，但对于高频段，这些天线在波束扫描范围、扫描率、极化特性和辐射损耗等方面都或多或少存在不足，无法满足毫米波亚毫米波系统需求。因此，基于空气填充传输媒介的色散特性，研究如何使漏波天线实现从负半空间到正半空间的大范围高效波束扫描，同时兼顾扫描率和极化等性能指标，是本书关注的主题之一。

第二，采用空气填充全金属架构实现宽带、高集成的多通道无源多波束天线。对于基站等固定的无线通信平台，可以采用龙勃（Luneburg）透镜、古特曼（Gutman）透镜等梯度折射率透镜天线形式，利用其旋转对称性，通过添加多馈电结构，实现多个指向不同的固定波束。从该技术问世至今，已涌现了很多基于介质材料和金属结构的有意义尝试。然而，窄工作频带和低天馈集成度仍然是该技术在毫米波亚毫米波领域发展与推广的瓶颈。此外，在有限空间内，多波束天线的功能单一性也与无线设备密度日益增大的发展趋势相矛盾。因此，利用空气填充传输媒介，解决全金属梯度折射率透镜天线在宽工作频带内的天馈结构集成和功能集成问题，实现高辐射效率的毫米波亚毫米波多波束透镜天线及功能器件，是本书关注的主题之二。

第三，采用空气填充全金属架构实现宽角扫描的低成本相控阵天线。无论是相控阵，还是无源多波束，产生波束扫描的底层思想是等相位波前的调控。相控阵思想与无源多波束思想的结合，能够为多波束系统的构建带来更大的自由度，以适配更多应用场景和成本需求。最大扫描角度是考核多波束系统的重要指标之一。相控阵天线为实现$-60°\sim+60°$的连续波束扫描，对阵元、阵列的设计复杂度和成本等都提出了非常高的要求。虽然龙勃透镜天线可以实现接近半空间的波束覆盖，但是弧形排布的馈电端口位置和有限的波束数量等不足仍然存在。因此，基于空气填充传输媒质的新型全金属多波束天线单元，与子阵相控阵波束合成机理相结合，实现兼顾成本效益、宽角多波束覆盖和规模可扩展的毫米波相控阵天线，是本书关注的主题之三。

第四，采用空气填充全金属波导网络架构实现亚毫米波无源多波束天线。空气填充全金属透镜多波束天线固然可以完全规避介质损耗、介电特性不稳定带来的性能问题，且随着制备工艺的飞速发展，能够在毫米波频段高质量实现。然而，全金属透镜多采用亚波长周期性结构实现，随着频率提升到亚毫米波频段，波长进入亚毫米尺寸，现有的一般金属加工工艺难以满足制备要求。虽然近年来兴起的精密3D打印技术为此带来了可选的解决方案，但3D打印材料的局限性，为天线的结构可靠性和环境适应性带来了困扰。因此，将新设计与成熟工艺特征结合，实现具有高可靠性、适合采用金属机械加工工艺制备的亚毫米波无源多波束天线，具有实际应用意义，是本书关注的主题之四。

1.2.2 多层级协同

以上主题的呈现，是为了结合笔者自身研究成果和对该领域面临技术瓶颈的理解，与大家共同探讨以下几个层面的问题。

第一，方法层面。充分利用空气填充传输媒质的色散、折射率特性，探索基于全金属结构的毫米波亚毫米波无源多波束天馈器件实现方法。由于传统的波导传输结构体积大、传播常数调控受限，而介质填充传输媒质在毫米波亚毫米波频段存在损耗大或损耗参量难以精确获取的问题，且对加工手段要求苛刻，因此，本书重点探讨的问题之一是如何将一维、二维亚波长周期单元应用于毫米波亚毫米波全金属天线的设计中。本书不仅将从频扫天线和多端口无源多波束天线两个方面给出范例，还将介绍如何利用非传统方法，如半模波导机理和各向异性概念，对传输媒质进行创新，扩展天馈设计的灵活性与自由度。

第二，实现层面。根据不同的多波束工作机理，探讨一系列全金属的毫米波亚毫米波天馈关键器件的可实现性，力图给出从天线设计、制备到性能获取的全流程，其中包括毫米波频率扫描天线、毫米波亚毫米波梯度折射率透镜天线、亚毫米波全金属波导网络多波束天线和毫米波多透镜子阵相控阵天线。本书将分享在相关研究的过程中，积累的上述器件的仿真设计、实物制备和实验验证经验。设计制备方面，既有通过特殊设计使传统工艺能够合理利用的案例，也有通过新工艺新方法的选择，使新结构得以工程实现的案例；测试表征方面，既有直接利用商用化测试系统实现性能表征的案例，也有结合自主设计测试夹具开展实验研究的案例。期望通过一系列案例，对后续相关产品的研制工作提供有价值的参考。

第三，应用层面。本书内容为毫米波亚毫米波无线系统所需的多波束前端提供了一系列低成本解决方案。首先，全金属的周期漏波天线具有宽角度、高扫描率和低损耗的频率扫描性能，不但可以大幅减少有源模块的使用，而且实现了跨越半空间的连续波束扫描，从而降低系统的成本和功耗。其次，介绍的多种全金属梯度折射率透镜天线，不但可以解决透镜与馈电波导的结构集成问题，而且探讨了多波束辐射与交叉传输的功能复合可能性，宽频带、低损耗、低制备复杂度的特点也使该类天线在毫米波亚毫米波系统中更加实用。再次，利用全金属透镜作为子阵构建相控阵多波束天线，令使用较少的有源通道实现大规模阵列口径并实现覆盖低仰角的大范围波束扫描成为可能，可以在系统功能与制造成本之间寻求平衡。最后，充分剖析当前亚毫米波高可靠制备工艺的尺寸与精度特征，与实用型多波束器件的新理念与新设计有机结合，以期与同人们一道，搭建商业化制备工艺与亚毫米波新应用之间的桥梁。

1.3　研究现状概述

1.3.1　媒质－空气填充周期结构

在毫米波亚毫米波频段，基于空气填充的全金属结构传输媒质相比于微带线、基片集成波导、介质波导等介质填充媒质，在损耗、功率容量、可靠性等方面具有独特优势。首先，一般介质材料的损耗角正切值会引入介质损耗。以采用 Rogers 4350B 基板加工的微带线为例，其传输损耗约为 0.24 dB/λ_0[9]，而全金属矩形波导损耗则小于 0.01 dB/λ_0[10]。其次，过大的功率会使介质产生明显发热和击穿现象，直接制约功率容量。例如，介质波导在毫米波频段的功率容量为 10～100 W[11]，而全金属波导的功率容量则可以达到约 30 kW[12]。最后，对于载荷要求较高的机载和星载平台，天线需要具有承受高强度冲击和抵御极限高低温的结构。在这方面，空气填充的全金属结构显然比介质填充结构更为适合。

需要注意，传输媒质的幅度相位控制本质上是对模式的调控。包括矩形波导、平行板波导在内的导波结构,其光滑的导体壁使得在齐次边界条件下沿横向的场只能是驻波,导致这类空气填充传输媒质的基模只能是快波或横电磁波(transverse electromagnetic wave,又称TE波)。但是周期结构的引入使得导体壁不再是光滑、均匀的,这为慢波传播模式提供了可能。因此,基于周期单元加载的导波结构可以极大地丰富传输媒质形式,构建更多可用的模式,获得独特的电磁波传播特性,从而设计出具有不同辐射性能的天线。

对于周期单元加载的导波结构(又称周期系统),其特点是只有当导波结构沿传播方向的移动距离为周期单元长度 p 的整数倍时,移动前后的导波结构才能重合,如图1.1(a)所示。根据弗洛凯(Floquet)原理[13-14],在沿传播方向相距 $mp(m=0,\pm1,\pm2,\cdots)$ 的两个横截面上,场分布相同且只相差 $\mathrm{e}^{-\mathrm{j}kmp}(k=\beta_0-\mathrm{j}\alpha$,为传播常数)。根据这一性质,对于无耗($\alpha=0$)且沿 y 轴传播的周期系统,两个横截面上的场满足如下关系:

$$\boldsymbol{E}(x,y+mp,z)=\boldsymbol{E}(x,y,z)\mathrm{e}^{-\mathrm{j}\beta_0 mp} \tag{1.1}$$

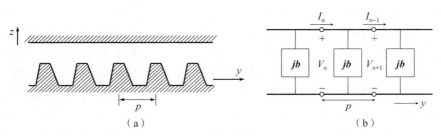

图1.1 周期系统

(a) 导波结构示意;(b) 周期系统微波网络等效模型

根据微波网络的观点,周期系统可以视为由多个长度为 p 的相同二端口网络级联而成[15],如图1.1(b)所示。因此,相距一个周期长度 p 的前后两个截面场可等效成二端口网络输入与输出端的电压、电流变化,即

$$\begin{bmatrix} V_n \\ I_n \end{bmatrix} = \begin{bmatrix} A & B \\ C & D \end{bmatrix} \begin{bmatrix} V_{n+1} \\ I_{n+1} \end{bmatrix} = \begin{bmatrix} V_{n+1}\mathrm{e}^{-\mathrm{j}\beta_0 p} \\ I_{n+1}\mathrm{e}^{-\mathrm{j}\beta_0 p} \end{bmatrix} \tag{1.2}$$

通过数学变形,可得

$$\mathrm{e}^{-\mathrm{j}\beta_0 p} = \mathrm{e}^{\pm\mathrm{j}\theta} \tag{1.3}$$

其中

$$\cosh\theta = \frac{A+D}{2},\ \sinh\theta = \left[\left(\frac{A+D}{2}\right)^2-1\right]^{1/2} \tag{1.4}$$

该方程的解可以表示为空间谐波的形式:

$$\beta_n = \beta_0 \pm \frac{2\pi n}{p}(n=0,\pm1,\pm2,\cdots) \tag{1.5}$$

式(1.5)表明周期系统中存在振幅沿 y 轴呈周期性变化的行波。

根据周期单元排列方式的不同,空气填充传输媒质可以分为一维周期型和二维周期型。随着研究工作的深入,周期结构又使传输媒质分别表现出传输、引导和抑制等多种不同功能。下面以三类加载周期结构的空气填充传输媒质为例进行具体阐述。

作为一种新型传输线,人工表面等离子体激元(spoof surface plasmon polaritons, SSPPs)利用一维周期结构实现了电磁波的高效传输。该结构通过亚波长排布的梳状齿模拟红外/光学频段的金属—空气交界面的电子受激振荡，从而使电磁波被束缚在导体表面传输[16-17]。SSPPs 支持慢波传输并具有明显的色散效应，它的上限截止频率取决于具体的结构参数。2013 年，东南大学的崔铁军教授团队提出了一种工作在微波频段的超薄 SSPPs 传输线，用于实现多种功能器件及平面电路的集成设计[18-22]。工作频率越接近上限截止频率，SSPPs 束缚电磁波的能力越强，此时影响其传输效率的主要因素是欧姆损耗[23]。不同于微带线和带状线，该技术没有采用金属"地"结构，使得电磁波在介质基板中的损耗大大减小[20]。但是，受限于印制电路板（printed-circuit board，PCB）工艺对微细结构的加工精度，目前已报道的相关天线大多工作在 Ku 波段以下[24-25]，且在它周边放置金属结构会明显改变辐射特性[26]，在实际应用中仍然需要进一步优化和改进。值得关注的是，2019—2020 年，江苏省南通大学的陈建新教授课题组和香港城市大学的陈志豪教授课题组利用 SSPPs 在毫米波频段分别实现了端射天线和漏波天线[27-28]。

具有二维周期性的电磁表面（metasurface，又称超表面）可设计为一种引导电磁波的结构，它不仅可以支持表面波的传播，还能调控不同位置的传播特性[29]。超表面通常是由具有相同或相似结构的周期单元（又称晶格）进行二维阵列重复设计得到的。恰当地改变每个晶格的几何形状，可以在一定程度上控制传播模式的传播常数，在宏观上实现特定的折射率分布函数。这一引导电磁波的调控技术不仅可以用于实现多波束的二维平面透镜天线[30-31]，也可以用于获得高增益窄波束的线口径天线[32-34]。瑞典皇家理工学院的 O. Quevedo-Teruel 等人利用具有交错对称性的空气填充全金属周期表面实现了超宽带的平面龙勃透镜天线[31]。天线的理论工作带宽可以达到 4.5∶1（4~18 GHz）。此外，该研究团队还利用类似结构的宽带慢波特性设计了棱镜结构，抵消了漏波天线因色散引起的波束指向随频率偏转现象，使天线利用简单的馈电结构在宽频带内获得了波束指向稳定且高增益的波束[33-34]。

另一种基于周期性结构的传输媒质是利用电磁带隙（electromagnetic band gap，EBG）的间隙波导（gap waveguide）结构。从形式上，间隙波导可以视为一种支持电磁波在其内部空腔通道传播的导波结构。为了抑制能量泄漏，空腔通道的周围加载了基于二维周期结构的"光子晶体"。光子晶体概念最早由 E. Yablonovitch 教授于 1991 年提出[35]，他通过对非球面对称的面心立方体进行金属刻蚀，获得了相对带宽为 20% 的禁带（电磁带隙），该禁带可以阻止任何模式电磁波的传播。在微波频段，电磁带隙可以通过在平行板或金属交界面上加工亚波长的金属柱、金属孔实现[36-38]。这种不需要金属接触的方式在高频电路和天线设计中具有明显优势。例如，基于空气填充的间隙波导技术，西班牙格拉纳达大学和瑞典查尔姆斯理工大学分别实现了具有多层结构的 4×4 波导阵列天线[39]和 8×8 全并馈波导缝隙阵天线[40]，工作频段覆盖 68~74 GHz 和 56.2~65 GHz。

纵观上述工作，基于周期结构加载的空气填充传输媒质已经在高频功能器件设计中展现出优势，特别是在考虑传输效率、耐受功率、可靠性和成本效益等多方面的前提条件下。这种不同于经典微波器件的结构类型和电磁波调控技术，为实现全新性能的全金属毫米波亚毫米波多波束天线提供了一种可行的解决方案。

1.3.2　频扫多波束-漏波天线

频扫天线具有波束切换快、结构简单及成本低等优势，被广泛地应用于无线系统的射频前端设计[41-44]。导波结构的色散是频率扫描设计的关键。一些常见的频扫波束实现方式包括漏波天线[41-42,44]、反射阵天线[43]、表面波天线[45]等。漏波天线作为一种结构紧凑且馈电简单的天线形式，其工作原理是将沿导波结构传输的行波转换成沿某一方向辐射的漏波。因此，漏波天线可以在较宽频段内获得高增益和窄波束，并且不需要额外使用移相器、放大器等有源模块，这种成本效益得到越来越多的关注。

根据工作原理的不同，漏波天线通常可以分为均匀型和周期型两大类。前者和后者的区别在于导波结构分别支持快波和慢波模式[46]。对于均匀型的漏波天线，其波束通常只能在正半空间（$\theta>0$）辐射；而周期型的漏波天线则可以利用高次谐波模式，获得从负半空间（$\theta<0$）到正半空间的连续波束覆盖，从而显著地增大扫描角度。虽然在导波结构内填充电介质是产生慢波传播的有效方式[47-52]，但毫米波频段的介质损耗将会限制天线增益和辐射效率。

为解决这一问题，研究人员利用平行板波导设计了全金属的漏波天线，这种天线具有低损耗、高可靠性的特点。但是由于平行板波导的主模是几乎没有色散的横电磁（transverse electromagnetic，TEM）模，因而这类漏波天线的波束覆盖范围往往较小。以 2014 年和 2016 年发表的两篇文献为例[53-54]，当工作频率从 24 GHz 增大到 29 GHz 时，漏波天线的波束指向仅改变了 17°。

此后，人们利用一维周期波纹结构对平行板波导进行沿传播方向的调制，并通过合理设计波纹凹槽的尺寸和间距，实现了相速度小于 TEM 波的低损耗慢波传输，并完成了相应的漏波天线设计[55-56]。这类天线通常由上下两层波纹金属平板构成，其口径面往往采用多个横向长槽阵列的形式。2017 年，东京工业大学的 K. Tekkouk 等人利用机械旋转的方式，通过不断调整波纹平行板与馈电网络的相对位置，使上层平行板长槽辐射阵列的馈电相位连续变化，从而实现了 ±60° 的大角度波束扫描[55]。需要注意，这在本质上仍是机械扫描而不是频率扫描，因此不能实现波束的快速切换。2018 年，宁波大学和伯明翰大学的研究团队合作，提出了一种通过改变频率控制长槽阵列的馈电相位以实现波束扫描的平行板周期漏波天线[56]。为扩宽扫描范围，该天线的导波结构被优化成具有渐变间距的两层金属平板波导。该特点使得天线工作在 26~42 GHz 频段内，波束扫描范围覆盖 $-56.2°$~$-2.2°$。尽管扫描角度很大，但由于没有解决周期漏波天线固有的开放阻带（open stop band，OSB）效应，因而不能实现边射及正半空间的波束扫描。虽然已有相关文献提出了各种针对开放阻带效应的解决方案[47,57-61]，但这些尝试都是基于介质填充传输媒质的，较少涉及针对全金属漏波天线的讨论。

从全金属传输媒质的角度出发，还将引出漏波天线中另一类重要的导波结构形式，金属波导[44,62-66]。金属波导的基模通常是快波模式（如矩形波导的 TE_{10} 模式），通过在波导侧壁长槽开缝，可以获得有效的漏波辐射。但是由于快波的相速度大于自由空间相速度，因而这种漏波波束只能在正半空间进行扫描，限制了它的应用。此外，波导结构本身具有低色散的特点，也使得漏波天线需要较大的工作带宽以扩大波束扫描范围。

利用高色散的慢波传输媒质，获得从负半空间到正半空间的宽波束扫描范围，是漏波天线技术领域的一个重要研究方向，基片集成波导（substrate integrated waveguide，SIW）为解决这一问题提供了一条可行的技术途径。根据工作频率的不同，SIW 的主模可以支持快波和慢波传输，因而有不少漏波天线是针对 SIW 在慢波频段的传输特性设计的[67-71]。无独有偶，基于周期波纹的全金属波纹波导也具有与 SIW 类似的传播常数变化规律，而且由于波导内部采用空气填充的方式，电磁波的传输损耗得以进一步降低，因此其在毫米波天线设计中具有较大的潜力[72-73]。2012 年，美国科罗拉多大学的 Z. Popovic 等人设计了一种工作在 150～180 GHz 频段的微机械加工周期漏波天线。波纹结构被加载到底面的波导壁上，通过短槽辐射阵列实现了指向为 -37°～+19° 的线极化漏波波束[74]。这些工作都为高性能的毫米波漏波天线研究提供了非常有价值的参考。

对于动态条件下的无线系统，圆极化的漏波波束扫描更具吸引力。但是为产生有效的辐射，漏波天线在设计过程中往往要求口径面与行波场的模式匹配，这使得大多数漏波天线是线极化的。因此，圆极化漏波天线通常采用周期漏波天线的形式，即在导波结构上加载合适的圆极化辐射单元以激励高次谐波模式的漏波波束。对于每个辐射单元，其圆极化可以通过顺序馈电单元内部不同的辐射元素实现[75-79]。例如，2016 年，西班牙瓦伦西亚理工大学的 V. Rodrigo - Peñarrocha 等人设计了工作在 38～41 GHz 频段的圆极化周期漏波天线[77]，该天线的导波结构采用单导体的平面高保（Goubau）传输线，通过在每个辐射单元内依次馈电四个摆放位置和旋转角度均不同的偶极子实现了约 5° 的圆极化波束扫描。

综上所述，在本书出版之前，虽然同人们已经针对介质填充的漏波天线开展了较为丰富的研究，但是对于基于空气填充传输媒质的全金属毫米波漏波天线，在宽角扫描和高扫描率上的局限性，特别是针对边射时的开放阻带效应、高扫描率时的圆极化辐射等具体问题，仍缺乏有效的解决手段。

1.3.3 准光多波束 - 梯度折射率透镜天线

对于无线基站通信等具体的应用场景，相比于频率扫描技术，人们更加青睐于在某一区域内实现多个固定扇区的宽频带波束覆盖[8]。对于毫米波甚至亚毫米波频段，不同于机械扫描式天线和数字多波束相控阵天线，无源多波束天馈是一种各方面相对平衡的技术手段，其在波束灵活性和实现难度上折中[80-82]。然而，这类天线通常存在馈电网络体积过大或辐射效率较低的问题。因此，国内外的研究团队逐渐将目光转向基于梯度折射率准光学机理的透镜天线设计。

龙勃透镜是梯度折射率理论中具有代表性的光学器件之一，其因良好的平面波聚焦转换效果广泛应用于雷达、通信和电子对抗等领域[83-85]。龙勃透镜的数学模型最早由数学家 R. K. Luneburg 于 1944 年提出，它是一种理想的球对称结构，可以将从球面外部入射的平行光线锐成像于球面上的一点[86]。在无线通信领域，人们通常利用龙勃透镜可以将平面波转换成球面波（或柱面波）的性质，在球面边缘设置一系列馈源，以实现对多个不同角度范围内信号的发射或接收。目前公开文献上已经给出了一些龙勃透镜的实现方式，包括利用部分介质填充平行板[87-88]、在发泡材料上打孔[89]、多层压合等[90]。尽管这些天线都具有优良的辐射特性，但是利用介质材料实现连续渐变的折射率分布在生产制造上仍然十分困难。鉴于此，越来越多的学者开始将周期性人工电介质材料作为等效媒质，用来研制性能更加优异且成本可控的龙勃透镜天线。这种周期结构包括但不限于在薄介质基板上打孔[91]、印制金属贴片[30,92]，以及利用树脂材料进行 3D 打印等[93]。

与其他毫米波天线相似，采用人工电介质材料的龙勃透镜天线仍然无法回避因介质损耗导致辐射效率降低的问题。因此，基于二维全金属周期单元的空气填充传输媒质被应用于毫米波龙勃透镜的设计中[31,94-95]。2002年，卡尔斯鲁厄工业大学的 W. Wiesbeck 教授团队提出了一种通过在平行板单侧加载圆形金属柱阵列的方式实现龙勃透镜的技术，其通过改变金属柱的高度使透镜满足梯度折射率变化要求[94]。实验结果表明，该天线在 76.5 GHz 的增益为 17.8 dBi 且副瓣电平低于 -19 dB。由于所用单元结构具有很强的色散，因此，该透镜不能在宽频带内满足折射率分布函数。为拓宽工作频段，2018年，瑞典皇家理工学院设计了基于交错对称孔平行板的 Ka 波段龙勃透镜天线[95]。该天线可以在 25.2~30.8 GHz 频段（相对带宽为 20%）实现 ±50° 的波束扫描范围，且辐射效率达到 88%。

一些基于其他梯度折射率函数的透镜也被应用于多波束天线设计中，旨在获得结构或性能等方面的改善，如体积、馈电方式等。以麦克斯韦鱼眼（Maxwell fisheye，MFE）透镜为例，它能够实现球面上的点对点锐成像[96]，因而可以作为多端口的无源功能器件以实现多通道的交叉耦合传输[97]。并且，将 MFE 透镜沿中心对称面切开获得的半麦克斯韦鱼眼（half MFE，HMFE）透镜，可以在切断面实现平面波辐射[98-102]。尽管 HMFE 透镜天线的体积减小了近一半，但它的多波束覆盖范围通常较小。这是由于在将馈电点从焦点沿着球面边缘移动时，焦点到口径面上各点的光程快速变化，因而透镜天线不能形成良好的平面波波前。此外，作为一种广义的龙勃透镜，Gutman 透镜将焦点从透镜的表面移动至透镜内部，这使得天线结构更加紧凑[103-105]。2020年，法国雷恩大学的 P. Bantavis 等人利用交错对称孔周期结构提出了一种全金属 Gutman 透镜的实现方式，并利用小型化的单脊波导实现了低损耗的多波束辐射馈电[104]。

纵观梯度折射率透镜天线的研究现状，可以产生以下两点思考。

第一，尽管空气填充的全金属多波束透镜天线可以获得高辐射效率，但仍需要考虑结构复杂度、馈电方式等问题，这对实现多波束天线的天馈一体集成意义重大。尽管交错对称结构可以拓展天线的工作带宽[31,95]，但是相对复杂的馈电结构，以及金属柱高度、孔深度的不均匀性仍或多或少地增加了天馈结构的集成难度和制造成本。以参考文献[95]为例，为了改善龙勃透镜与馈电波导的阻抗匹配，在两者之间设计了一个窄边高度为 1.78~0.3 mm 的阶梯变换结构，其整体长度为 8.15 mm。虽然过渡段对天线整体尺寸影响不大，但在设备空间占用率日趋紧张的今天，利用梯度折射率透镜结构实现无过渡的天馈集成仍然具有很强的吸引力。

第二，为进一步解决空间占用率紧张的问题，不仅需要提高透镜与馈源的结构集成度，更需要利用具有多种幅相调控特性的天馈器件完成功能上的"集成"。东南大学和南京航空航天大学分别采用在介质基板上加工二维金属贴片阵列的方式，对具有双折射率分布的超表面透镜进行研究[106-107]。在 10 GHz 以内，针对两个正交的入射方向，分别获得了具有龙勃透镜和 MFE 透镜电磁特性的实验结果。但是全金属梯度折射率透镜器件，通常只能完成多波束辐射或多通道交叉传输的单一功能，关于功能复合技术的报道相对较少。因此，如何利用低损耗的梯度折射率透镜结构，将"多波束辐射"与其他功能进行复合，实现"多波束 +"的设想，从而在毫米波频段提高有限空间内的功能密度，仍然值得探讨。

1.3.4 混合多波束-子阵相控阵天线

相控阵天线作为一种电控波束扫描的阵列天线，可以通过改变每个天线单元的相位实现低时延和丰富的波束切换，相比于机械扫描天线具有明显的优势。通过合理优化阵面布局并利用数字波束形成技术，相控阵天线的辐射性能还可以获得进一步的提升[108-110]。无论是军用、民用，还是科学探索，世界各国一直非常关注相控阵天线技术领域的发展。围绕着5G、6G概念，工业界和学术界都将相控阵天线视为发展下一代毫米波亚毫米波多波束雷达、通信系统的关键技术之一[8,111-114]。相信在不远的未来，相控阵技术会成为应对用户和目标数量爆发式增长的有效手段。

然而，现阶段的毫米波及更高频段相控阵天线仍面临诸多问题，其中最重要的问题是整体设计较复杂、功率耗费较大等。特别是在大规模阵列的应用中，毫米波模拟移相器和T/R组件的使用导致这些问题更为突出[115-116]。只在数字域采用波束形成算法实现移相功能，难以使硬件端在成本和功耗两方面获得平衡[117]。

为获得相对折中的阵列波束合成方案，人们对经典阵列天线理论进行了研究。对于具有大角度扫描性能的常规阵列天线，其阵元间距较小（约$0.5\lambda_0$），为保持阵列天线增益，往往需要使用更多的阵元和射频通道。如果能改进单元方向图特性，适当降低阵列对阵元间距的要求，则有可能显著地减少有源通道数量，基于子阵波束合成的相控阵天线架构就是在这一前提下提出的[118-122]。2003年，美国密歇根大学的A. Abbaspour–Tamijani和K. Sarabandi以微带天线阵列为子阵，通过子阵交叠的方式提出了一种扫描角度为±10°的毫米波平面相控阵天线[118]。为验证该设计，在9.45 GHz，他们制备了由4个子阵（每个子阵为5×4微带阵列天线）构成的放大样实物，获得了超过20 dBi的天线增益测试结果。这种改变子阵间相位差的方式通常只能覆盖较小的角度范围，这是因为子阵间距超过了$1.0\lambda_0$，当扫描角度增大时，栅瓣将会迅速进入可见空间，从而引起角度模糊。

为解决这一问题，人们对子阵的波束指向和波束宽度进行了研究，使阵因子的栅瓣和副瓣在阵列天线进行波束扫描时，不落入子阵的半功率波束覆盖范围内。这样的子阵（又称天线单元）通常具有透镜天线的特点[123-124]。2018年，美国南佛罗里达大学的G. Mumcu等人基于介质透镜子阵技术，研制并报道了一款工作在38 GHz的多波束相控阵天线[123]。该阵列天线充分利用了透镜偏焦馈电引起的波束偏转特性，获得了±37.5°的半功率波束覆盖范围。该阵列天线最大的特点是对于每个透镜子阵，不仅可以控制其相位变化，而且可以采用单刀多掷开关切换其波束指向。在此技术的基础上，2021年，新加坡国立大学的陈志宁教授团队将超材料透镜天线作为子阵，设计了一款工作在10 GHz的1×3相控阵天线[124]，不仅降低了阵列天线的剖面，而且使副瓣电平在整个扫描过程中减小至−9.2 dB。

通过上述实例可以看出，对阵列综合原理及调控方式的深入研究，使人们不再把阵列方向图的实现思路局限在简单的宽/窄波束乘积运算中，而是利用包括机械扫描、开关、多波束透镜在内的更多元的控制手段，提出阵列波束合成新方法，从而解决多波束系统在设计中遇到的实际问题。

尽管将透镜作为子阵的相控阵天线经过优化设计获得了不错的角度扫描范围，但仍然没有达到较为理想的技术指标要求（一维线阵通常为±60°）。为了进一步扩大透镜相控阵天线的波束扫描角度，需要对透镜子阵的多波束覆盖范围提出更高的要求。目前，在微波/毫米波频段，具有宽角扫描特性的透镜天线主要分为两类：超表面透镜多波束天线和梯度折射率透镜多波束天线。

超表面透镜通常由基于周期单元的二维阵列构成，在微观上通过改变每个周期单元的尺寸实现对不同角度入射电磁波的幅相控制，在宏观上使入射到透镜的平面波汇聚于透镜另一侧的焦点上[125]。对于多波束辐射，由于超表面透镜可以通过沿平面或直线改变馈源位置实现波束扫描[124,126-128]，因此，该天线类型也适用于基于透镜子阵的相控阵天线设计。2013年，美国威斯康星大学麦迪逊分校的 N. Behdad 教授团队分别利用尺寸不同的多个电容贴片和介电常数不同的多个介质基板，实现了两款具有圆形口径的超表面透镜天线[127]。天线工作在 9 GHz 附近，实现了 ±60° 的波束扫描。虽然扫描范围很大，但是在毫米波频段，介质基板的损耗会限制透镜相控阵天线的增益，而透镜与焦点的距离又会增大设备的整体体积。

针对梯度折射率透镜多波束天线的发展现状，在此作出一些关于阵列适用性的补充。无论龙勃透镜、HMFE 透镜，还是 Gutman 透镜，它们的馈源分布都是弧形的。对于阵列天线来说，弧形排布会增大天线阵面与后级电路连接的复杂度。得益于变换光学理论的发展，一些变形的龙勃透镜已经采用沿直线或平面放置馈源的排布方式[91,103,129-131]，但它们的波束覆盖范围往往较小。例如，2021 年，武汉华中科技大学设计了一款基于 3D 打印技术的 Ku 波段平面龙勃透镜天线[130]，其沿透镜中心馈电获得了约 19.1 dBi 的增益，但当波束扫描到 ±20°时，增益衰减了约 5 dB。尽管 Eaton 透镜可以使入射波束实现接近 90°的偏转[132-134]，但其中心附近的折射率非常大，不仅增大了制备难度，也影响了小角度扫描时的辐射特性。

从上述方法不难看出，为实现兼顾波束覆盖范围和成本效益的毫米波相控阵多波束天线，需要在传统相控阵的基础上，对波束形成方法进行革新。其中涉及子阵与阵列的协同构建问题，其关键在于具有宽角扫描特性的子阵设计及混合波束的控制方法。而将多透镜子阵思想与空气填充全金属透镜多波束单元机理相结合，是毫米波亚毫米波频段值得尝试的技术路线，本书将重点对此进行深入探讨。

1.3.5 亚毫米波多波束 – 新机理新工艺天线

亚毫米波技术是第六代移动通信技术的必然需求。高增益波束扫描对保障链路容量、通信质量和空间覆盖范围具有重要意义。有源波束扫描，如相控阵等，一直存在严峻的技术挑战和成本问题。作为一种成本更易接受，且在一定程度上可满足多种应用场景的多波束技术，无源多波束技术无疑是一种值得考虑的替代方案。不考虑频率限制，在已有的无源多波束方案中，传输线型和准光型多波束形成网络是两种典型的无源多波束实现方法，且在微波毫米波频段已被广泛研究与应用，如基于传输线网络的巴特勒（Bulter）矩阵型、诺兰（Nolen）矩阵型及基于准光网络的梯度折射率透镜型、罗特曼透镜型和反射面型等。当前，一些 300 GHz 以上亚毫米波频段的无源多波束天线方案已见报端，大部分方案都是基于透镜机理的。例如，等离子体刻蚀工艺的应用，使得基于在高阻硅材料中打孔方法实现的光子晶体梯度折射率透镜成为现实，并能够应用到亚毫米波多波束天线的设计中。再如，利用全金属的渐变高度平行板波导结构，可以实现 100 GHz 以上 E 面聚焦的龙勃透镜，并通过机械控制平行板间角度偏移的方式，实现小范围的波束扫描。然而，相关方案均在初步探索阶段，远未成熟，空白尚待弥补。而且上述方案或因工艺特点制约存在接口不友好问题，或因波束扫描方式制约存在灵活性与集成度问题。本书将围绕亚毫米波多波束天线讨论两方面内容：一是利用精密 3D 打印工艺的 300 GHz 以上透镜多波束天线的实现方案，二是利用高精度机械加工手段可实现的 300 GHz 以上波导网络多波束天线方案。

1.4　本书内容安排

　　毫米波亚毫米波无线技术的研究如火如荼，对高性能多波束射频系统的需求日益迫切，天线在原理、设计、材料、制备等方面具有极大的自由度，而这一独特的魅力正不断吸引着研究学者，笔者也于 5G 概念兴起后专注于毫米波亚毫米波多波束天馈设计领域。此外，随着人工材料与等效媒质理论的发展与成熟，射频功能器件的表现形式与电磁特性更加丰富，这也为相关概念的融合提供了机遇。因此，本书致力于将新型的全金属传输媒质与天线辐射原理结合，在充分考虑制造技术和成本效益的前提下，给出有望服务于毫米波亚毫米波应用需求的多波束天线范例，力求与同仁们共同探讨，突破其中涉及的关键技术难题。以上文所述为出发点，本书主要围绕空气填充结构的高效全金属毫米波亚毫米波多波束天线技术展开，利用空气填充周期结构在电磁波调控、低损耗方面的优势，基于若干种多波束的形成机理，介绍毫米波亚毫米波天线及相关器件的分析方法、设计方法和实验验证方法，并给出一系列原理样件范例。其中主要涉及的机理包括频率扫描、梯度折射率透镜准光调控、波导网络幅相调控和相控阵，以尽可能地匹配包括雷达、通信在内的多种毫米波亚毫米波无线技术应用需求。具体内容和对应章节如下。

　　频率扫描多波束天线以其波束扫描的便捷性和波束形成网络的简洁性，应用广泛。针对传统毫米波全金属漏波天线扫描范围窄、扫描率小的问题，第 2 章首先介绍具有一维周期性的空气填充传输媒质，以及基于此构建的低损耗慢波传输波纹平行板波导和半模波纹波导结构，然后介绍采用上述传输线实现周期漏波天线的方法。尤其是为实现波束从负半空间到正半空间的连续扫描，针对导波结构在周期调制下的空间谐波展开讨论，通过选取 $n = -1$ 的空间谐波并抑制其他高阶模式，使天线在宽角度范围内实现单波束扫描。针对周期漏波天线在边射时存在的开放阻带效应，将分别介绍利用双辐射缝隙和横向非对称构造辐射单元的方法，解决边射时天线增益衰减和辐射效率下降的问题。为使漏波天线兼顾高扫描率与圆极化辐射，还将针对半模波纹波导的辐射单元内部场分布展开讨论，介绍如何获得基于半模波导谐振器的辐射缝隙结构，并采用顺序馈电的方式实现线/圆极化宽角扫描性能。

　　在空气填充梯度折射率透镜多波束天线方面，针对毫米波全金属透镜天线在宽频带内天馈一体集成难的问题，将在第 3 章针对具有二维周期性的各向同性/异性空气填充传输媒质展开讨论，介绍一类单侧加载金属柱阵列的间距渐变平行板波导透镜，使透镜天线的工作频率几乎覆盖整个 Ka 波段。尤其针对透镜—馈源的结构集成问题，介绍渐变张角结构及矩形波导直馈对透镜天线内部场分布和阻抗匹配的影响。此外，为进一步减小龙勃透镜天线的尺寸，还将介绍一种基于反射定律实现的加载金属反射板的龙勃反射透镜天线。

　　基于各向异性透镜理念，将在第 4 章介绍一种实现毫米波"多波束+"的思路，即如何将无源多波束天线与其他器件融合，在透镜多波束天线中，以结构复用的方式，集成其他类型功能。本书会以将 MFE 透镜"嵌入"龙勃透镜为例，探讨多波束辐射功能与多通道传输功能复合的可行性，为此类设计理念提供初步参考。

　　在空气填充全金属透镜中进行多种极化的传输和调控，难度很大，鲜有范例。在第 5 章将给出一种高性能解决方案。通过综合利用周期性结构支持的慢波特性和平行板结构支持的快波特性，将两种极化正交模式的调控结构在同一口径下实现，并保持其调控独立性，从而实现支持两种正交线极化同时传输的梯度折射率透镜。同时，设计添加以正交模耦合器为基础的双极化馈源，提出一种全金属结构的毫米波双极化透镜多波束天线。

第 6 章将重点讨论多透镜子阵相控阵问题。针对宽角扫描相控阵所用单元和通道数量多，在毫米波频段面临的设计复杂度大、生产成本高等问题，基于多波束透镜天线单元的 Ka 波段相控阵天线展开讨论。其中每个天线单元均采用具有二维周期性的全金属传输媒质进行设计，从而得到波束覆盖范围超过 ±60° 的透镜相控阵天线架构。在阵元层面，针对传统梯度折射率透镜天线的弧形馈源排布与大角度扫描难以兼顾的问题，给出一种基于部分麦克斯韦鱼眼（partial MFE，PMFE）透镜的新型多波束天线形式。在阵列层面，对于阵列波束的形成，尝试利用机械预置和相位扫描相结合的复合波束切换方式，探讨将角度覆盖范围划分成多个子区域的宽角多波束覆盖策略。

作为对更高频率的探索，第 7 章和第 8 章将讨论两类亚毫米波多波束天线的实现方案。第 7 章重点关注新工艺与新设计的结合，给出一种 300 GHz 以上全金属表面波透镜多波束天线的设计方案，并利用现有的商用高精度 3D 打印技术和磁控溅射技术，实现样件制备，利用自主搭建的测试平台实现性能表征。第 8 章重点关注传统工艺和新设计的结合，给出两种 400 GHz 以上基于波导型波束形成网络的无源多波束天线设计方法，两种方案均可利用国内自主可控的数控机床加工手段制备，所制备的样件性能均经过了实验验证。

第 2 章
毫米波全金属传输线频扫多波束天线

频扫天线的波束扫描功能是通过充分利用辐射口径相位分布体现出的高色散特征获得的。在毫米波频段,基于平行板波导或矩形波导的漏波天线可以获得较高的辐射效率。但是这类天线所用的导波结构通常支持横电磁模或横电模等快波模式,导致其只能在边射附近或正半空间进行波束扫描。尽管利用周期单元加载的导波结构可以使漏波天线在负半空间进行宽角波束扫描,但其固有的开放阻带效应又制约了频扫波束向正半空间的跨越。此外,为提高漏波天线的实用性,要求其不仅在有限频带内具有宽角波束扫描能力,还能够同时实现圆极化辐射。然而,受限于一般空气填充传输媒质的低色散特性,关于其在高扫描率频扫天线设计方面的研究工作尚不充分,开放阻带效应的抑制方法和极化调控方法也在一定程度上受到制约。本章将对两种不同的一维空气填充传输媒质的模式和色散特性进行介绍,并将其作为导波结构应用在漏波天线中,以实现高性能的毫米波频扫多波束辐射。

本章的前半部分将重点围绕加载辐射缝隙的波纹平行板漏波天线进行介绍。天线结构整体采用矩形波导进行馈电,通过导波结构传播常数和辐射单元尺寸的自定义设计,可实现具有高辐射效率和低制备复杂度的宽角扫描漏波天线。在此基础上,针对漏波天线在边射时存在的开放阻带效应,通过等效电路介绍其形成机理,给出在全金属制备工艺下,基于双辐射缝隙和不等波纹凹槽的匹配加载方案,该方案减小了边射时的电磁波反射并提高了辐射效率。

本章的后半部分将介绍一种全金属半模波纹波导结构,以及基于此构建的具有高扫描率的周期漏波天线。半模波导概念早期见于 SIW,并应用于基于 SIW 的漏波天线中[76,135-137],随后扩展到基于全金属矩形波导的漏波天线[138]。尽管半模波纹波导是部分开放结构,但是由于其具有慢波传输的特点,电磁波被束缚在波导内而没有泄漏到自由空间。相比矩形波导,半模波纹波导具有更明显的色散特性,因而可以提高漏波辐射的频率扫描率。本章介绍的方案在采用半模波纹波导的基础上,合理引入短槽缝隙结构单元来实现漏波辐射。辐射单元具有便于调控的特点,该方案仅通过控制辐射缝隙的旋转角度,便实现了线/圆极化控制,为其后续应用提供了重要的设计参考。

2.1 漏波天线的基本原理

漏波天线的基本传播模式是快波模式,即相速度 v_p 大于自由空间光速 c,对应相位常数 β 与自由空间波数 k_0 的关系为 $|\beta| < k_0$。漏波天线通过在导波结构上加载缝隙、贴片或其他辐射结构的方式,使电磁波在传播过程中产生持续不断的泄漏,从而形成高增益、窄波束

的方向图。图 2.1 所示为漏波天线辐射原理，该图给出了空间坐标的定义。对于理想的漏波辐射，忽略不同导波结构内部场分布之间的差别，漏波天线的电场 $\boldsymbol{E}_x(y,z)$ 在口径面 $z=0$ 处的分布应满足：

$$\boldsymbol{E}_x(y,0) = A\mathrm{e}^{-\mathrm{j}k_y y} = A\mathrm{e}^{-\mathrm{j}(\beta_y - \mathrm{j}\alpha_y)y} = A\mathrm{e}^{-\mathrm{j}\beta_y y}\mathrm{e}^{-\alpha_y y} \tag{2.1}$$

式中，$k_y = \beta_y - \mathrm{j}\alpha_y$ 为漏波模式的复传播常数；β_y 为相位常数；α_y 为衰减常数。

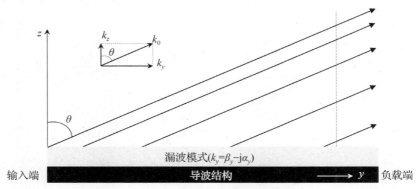

图 2.1　漏波天线辐射原理

特别地，在不考虑导体损耗和介质损耗的前提下，α_y 是行波场在沿导波结构传播时因漏波辐射产生的。在自由空间中（$z>0$），假设存在沿某一方向的漏波辐射 $\vec{k}_0$，则其电场分布表示如下：

$$\boldsymbol{E}_x(y,0) = A\mathrm{e}^{-\mathrm{j}k_y y}\mathrm{e}^{-\mathrm{j}k_z z} \tag{2.2}$$

式中，k_z 为漏波辐射沿 z 轴的波数。

k_z 与 k_y 的关系如下：

$$k_y^2 + k_z^2 = k_0^2 \tag{2.3}$$

由于 $k_z = \beta_z - \mathrm{j}\alpha_z$，为使式（2.3）成立，等式左边的虚部应为零，可得

$$\beta_z \alpha_z + \beta_y \alpha_y = 0 \tag{2.4}$$

对于实际的导波结构，α_y 与 β_y 均大于 0，且对于漏波辐射来说，$\beta_z > 0$，因而 α_z 是负数，即电场强度沿垂直导波结构的传播方向上是指数级数增大的。虽然这一结论看似"不合理"，但仍可从物理角度进行解释。图 2.1 用偏离 z 轴的射线间距表示场强大小。对于从 $y=0$ 开始的半无限长导波结构，射线间距逐渐增大，这是由于漏波引起的衰减常数 $\alpha_y > 0$，使场分布沿 y 轴幅度逐渐减小。此外，半无限长的导波结构使漏波辐射在 $z \geqslant 0$ 的正半空间形成了从（$90°-\theta$）到 $90°$ 的楔形区域。在此楔形区域内，射线间距在远离导波结构的过程中是逐渐减小的，这对应了 $\alpha_z < 0$。需要注意，在楔形区域以外，电场幅度迅速衰减，这说明电场强度不能沿垂直导波结构的传播方向无限增大，因而保证了漏波辐射的合理性。

当衰减常数 α_y 较小时，漏波辐射角度 θ 与传播常数的关系如下：

$$\theta = \arcsin\left(\frac{\beta_y}{k_0}\right) \tag{2.5}$$

在大多数漏波天线设计中，式（2.5）可以较为准确地计算出波束指向，从而评估波束扫描性能。$\theta<0°$ 和 $\theta>0°$ 分别代表漏波波束在负半空间和正半空间扫描，如图 2.2 所示。对于在

矩形波导上加载纵向长缝的漏波天线，其漏波模式通常是 TE_{10} 模式（$0<\beta_y<k_0$），这使漏波波束只在正半空间扫描。但是周期漏波天线可以通过改变工作频率（$f_L<f<f_H$），实现从负半空间到正半空间的连续波束扫描。这是由于周期漏波天线的导波结构支持的基模是慢波，通过对其进行周期调制可以产生无穷的空间谐波模式。若某一空间谐波（通常是 $n=-1$）的相位常数 β_{-1} 随频率的变化范围为 $-k_0 \sim +k_0$，则由式（2.5）可得，漏波波束扫描范围为 $\pm 90°$。

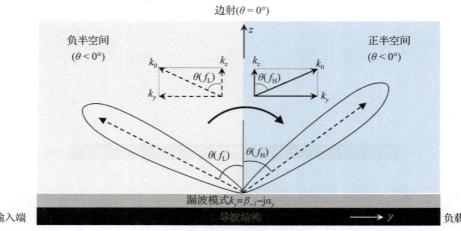

图 2.2　周期漏波天线辐射原理

β_{-1} 是影响周期漏波天线波束指向的关键。由于周期调制，慢波导波结构的模式场可以利用 Floquet 原理进行展开，即

$$E(x,y,z) = \sum_{n=-\infty}^{\infty} A_n(x,z) e^{-jk_{yn}y} \tag{2.6}$$

式中，k_{yn} 为第 n 次空间谐波模式。

k_{yn} 的表达式为

$$k_{yn} = k_{y0} + \frac{2\pi n}{d_u} \tag{2.7}$$

式中，d_u 为调制的周期；$k_{y0}=\beta_0-j\alpha_y$ 为 $n=0$ 的空间谐波波数，在数值上与导波结构基模的传播常数相同。

若 $n=-1$ 的空间谐波为快波，则其相位常数 $\beta_{-1}=\beta_0-2\pi/d_u$ 满足 $-k_0<\beta_{-1}<k_0$，对应 d_u 的取值范围如下：

$$\frac{2\pi}{\beta_0+k_0} < d_u < \frac{2\pi}{\beta_0-k_0} \tag{2.8}$$

因此，周期漏波天线可通过选择合适的 d_u，实现从负半空间到正半空间的频控波束扫描。

2.2　基于波纹平行板波导的漏波天线

2.2.1　波纹平行板导波结构传播特性

本征模的数值计算结果有助于对波纹平行板波导的色散特性进行分析。图 2.3 所示为利用三维电磁仿真软件 CST，对比全金属的平行板、波纹平板和波纹平行板三种结构的色散特性曲线仿真结果。其中，平行板由两个等间距的光滑金属平板构成，波纹平板是在一个金属平板上加载波纹槽形成的开放结构，而波纹平行板则可以视为将平行板中的一个光滑平板替换成波纹平板得到的。表 2.1 所示为波纹平行板波导的结构参数。可以看出，上述这三种结构在低频段都具有近似相等的相位常数。但是当频率从 20 GHz 增大至 40 GHz 时，波纹平板和波纹平行板的色散特性曲线斜率开始减小，说明这两种导波结构均具有慢波特性，且波纹平行板波导的色散特性变化更加明显。

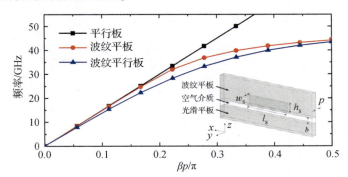

图 2.3　平行板、波纹平板和波纹平行板的色散特性曲线

表 2.1　波纹平行板波导的结构参数

尺寸参数	w_s	h_s	l_s	p	b
数值/mm	0.5	1.5	7.112	1.0	1.0

波纹平行板的色散特性曲线和相位常数对关键尺寸参数的变化非常敏感，在此进行更细致的分析。图 2.4 给出了 Ka 波段的波纹凹槽深度 h_s 及上下两个平板间距 b 对相位常数的影响。从图 2.4（a）可以看出，h_s 主要影响导波结构的上限截止频率。当 h_s 从 1.5 mm 增大到 2.3 mm 时，上限截止频率从 47.1 GHz 下降到 35.9 GHz，这使波纹平行板波导不能覆盖整个 Ka 波段。此外，当工作频率接近上限截止频率时，导波结构的传播特性对加工误差非常敏感，从而对漏波天线辐射产生不可预测的影响。对于图 2.4（b），当上下板间距 b 减小至 1.0 mm 时，波纹平行板波导具有最大的相位常数。对于周期漏波天线，这一性质可以使间距为 d_u 的两个相邻辐射单元间产生更大的相位差 βd_u，有利于扩大波束扫描范围。

图 2.5（a）和图 2.5（b）分别给出了波纹平行板波导内部的电场和磁场分布。可以观察到，波纹凹槽内部存在沿传播方向的电场分量 E_y，而几乎没有相应的磁场分量 H_y。因此，波纹平行板波导支持的基模可以近似地视为横磁（transverse magnetic，TM）模（或准 TM 模）[139]。需要注意，如果采用全金属矩形波导对波纹平行板进行馈电，由于矩形波导的基模是 TE_{10} 模，因而需要设计额外的模式过渡结构以减小电磁波的反射。本案例中采用的是波纹凹槽深度均匀渐变的匹配结构。图 2.5（c）给出了过渡结构内的电场分布情况。可以看出，渐变深度的波纹凹槽将矩形波导内垂直于传播方向的电场 E_z，部分转换成了平行于传播方向的电场 E_y。

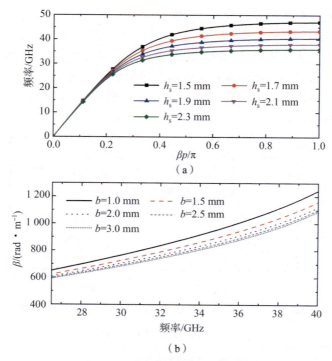

（a）

（b）

图 2.4　不同结构参数对应的色散特性曲线

（a）波纹凹槽深度对相位常数的影响；（b）上下两个平板间距对相位常数的影响

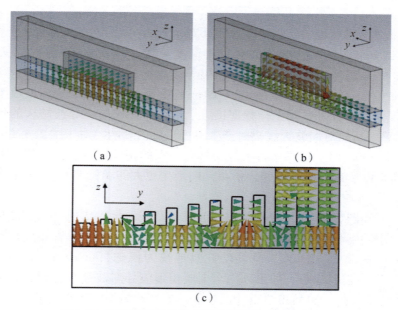

图 2.5　波纹平行板波导内部的电场和磁场分布情况

（a）波纹平行板波导内部电场；（b）波纹平行板波导内部磁场；
（c）矩形波导与波纹平行板过渡段的电场

2.2.2 漏波辐射特性

根据上述波纹平行板的传播特性，利用等间距横缝加载的方式可实现全金属周期漏波天线的设计，其结构如图 2.6 所示，部分尺寸参数见表 2.1。天线整体由馈电波导、导波结构及多个辐射缝隙构成。其中，馈电波导是一对减高的 Ka 波段矩形波导，其横截面尺寸为 7.112 mm×1.0 mm，分别对应天线的端口 1 和端口 2。在实际使用中，只有端口 1 用来给导波结构馈电，而端口 2 则是与匹配负载相连，或者被设计成一定张角的开放结构以减小电磁波的反射，起到近似匹配负载的作用。导波结构采用第 2.2.1 节所述的波纹平行板波导。过渡段则是由 8 个深度连续渐变的波纹凹槽构成的，两端分别连接馈电波导和导波结构，以实现宽带阻抗匹配。根据波纹平行板凹槽内部的电场分布特点，以均匀排布在波纹平板中心线上的辐射单元（辐射间隙长度，$l_u = 7.112$ mm）为例，对天线的频率扫描特性进行阐述，其中将波纹凹槽深度 h_s 设为 1.5 mm。在周期漏波天线设计中，辐射单元间距和尺寸的选取对扩宽天线的角度扫描范围非常重要。根据 Floquet 原理和式（2.8），将辐射单元的间距 d_u 设为 6 mm，使导波结构内慢波传播的基模转变成快波传播的 $n = -1$ 的空间谐波模式。

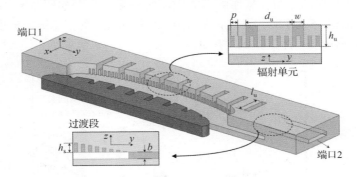

图 2.6 等间距横缝加载的全金属周期漏波天线结构

通过设计和优化辐射单元的缝隙宽度 w，可以进一步改善波束扫描性能。如图 2.7 所示，在 26.5~42 GHz 频段内，当缝隙宽度 w 分别为 0.5 mm、1.5 mm 和 2.5 mm 时，漏波天线在负半空间的最大波束指向均为 $-50°$，而在正半空间内的最大扫描角度分别为 $+22°$、$+16°$ 和 $+10°$，这说明辐射单元缝隙宽度对正向扫描范围的影响更加明显。尽管 $w = 0.5$ mm 可以获得最大的波束扫描范围，但是辐射单元缝隙宽度过窄会导致天线存在辐射效率低、副瓣电平高等问题，且面临加工难题。此外，虽然天线在 40~42 GHz 仍然具有频率扫描特性，但根据式（2.8），此时方向图不再是单波束的，而是在负半空间的端射方向附近（$\theta = -90°$）存在 $n = -2$ 空间谐波模式的波瓣[140]。为避免因额外引入的空间谐波导致的天线增益下降，需要对天线的上限工作频率 f_H 进行限制。在本案例中（$h_s = 1.5$ mm），将 f_H 设为 40 GHz。

漏波常数 α 是用来评估漏波天线辐射效率的重要参数，此处也可用于分析辐射单元缝隙宽度对方向图的影响。漏波常数 α 与辐射效率 η 的关系可以表示如下：

$$\alpha = \frac{\ln(1-\eta)}{-2L} = \frac{\ln[P(L)/P(0)]}{-2L} \tag{2.9}$$

式中，$P(L)$ 和 $P(0)$ 分别为输出端口（端口 2）和输入端口（端口 1）的功率。

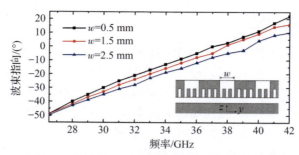

图 2.7 辐射单元不同缝隙宽度对应的波束指向

图 2.8（a）给出了辐射单元缝隙宽度 w 取不同值时归一化漏波常数 α/k_0 随频率变化的曲线。在 28.5～37 GHz 频段内，当 w 大于 1.5 mm 时，α/k_0 在 0.02～0.04 之间，但当 w 为 0.5 mm 时，α/k_0 只有约 0.01。通常漏波天线的设计指标要求辐射效率大于 90%，则漏波常数往往取较大值。因此，此处所用辐射单元的缝隙宽度 w 应不小于 1.5 mm，要在辐射效率和波束扫描范围两方面折中。此外，高漏波率不仅可以提高辐射效率，还可以使漏波天线口径面处的电磁场呈渐削分布，从而降低方向图的副瓣电平。如图 2.8（b）所示，相比于 $w=0.5$ mm，当 $w=2.5$ mm 时，天线在 36 GHz 的半功率波束宽度从 7.5°增大到 9.5°，而第一副瓣电平则从 −8.0 dB 减小到 −14.0 dB。

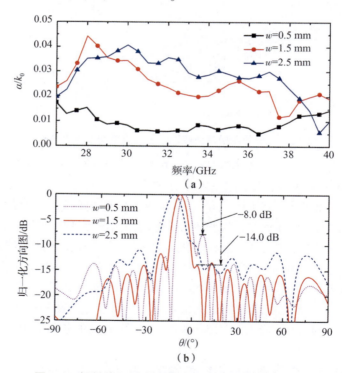

图 2.8 辐射单元不同缝隙宽度对应的漏波辐射特性
（a）归一化漏波常数随频率变化的曲线；（b）36 GHz 的 E 面归一化方向图

需要注意，在图 2.8（a）中，当工作频率为 37～39 GHz 时，漏波常数明显下降了。根据图 2.4（a）给出的基模相位常数，此时 $\beta_{-1}=0$（或 $\beta_0 d_u = 2\pi$），对应于漏波天线扫描到边射方向，所有辐射单元的反射波在输入端口同相叠加产生了开放阻带效应，使天线的漏波常数和辐射效率降低。下一节将详细讨论解决该问题的一种有效方法。

2.2.3 开放阻带抑制

2.2.3.1 开放阻带效应形成机理

直观上，开放阻带是由边射时每个辐射单元同相叠加的反射波导致的，通常使用相应频点附近的回波损耗和辐射效率来表征。为了在设计过程中对开放阻带效应加以抑制，需要对其形成机理进行分析。根据微波网络和电路的观点，回波损耗恶化的本质仍然是阻抗失配。图 2.6 所示的周期漏波天线所用的波纹平行板波导的基模可以视为一种传输线模型，用于辐射的横缝（或辐射单元）则可视为在传输线上并联了等间距负载，如图 2.9 所示。在漏波天线上，截取一段长度为 $d_u = 6$ mm 的结构作为周期性天线单元。于是，由边射时 $\beta_0 d_u = 2\pi$ ($\beta_{-1} = 0$) 可得，d_u 与波纹平行板基模的导波长 λ_g 近似相等，则所有的负载带来的效应都可以沿着传输线同相叠加。因此，周期性天线单元内形成的是驻波而不是行波，不能产生有效的漏波辐射。

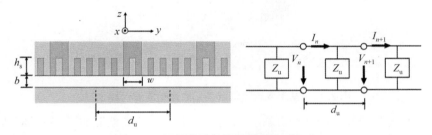

图 2.9 辐射单元结构及等效电路示意

以上定性的描述可以通过周期性天线单元阻抗特性的仿真结果得到进一步验证。一般来说，周期结构的特性阻抗可以通过布洛赫（Bloch）阻抗进行表征[15]，其具体的计算过程如下。

（1）考虑周期性天线单元之间的内部耦合，将 6 个相同的周期性天线单元级联并通过计算得到整体的阻抗矩阵 $[Z_6]$。

（2）根据二端口网络参量的变换关系，将阻抗矩阵 $[Z_6]$ 变换成转移矩阵 $\mathbf{ABCD}_6$。

（3）由整体的转移矩阵 $\mathbf{ABCD}_6$ 求得单个周期性天线单元的转移矩阵 $\mathbf{ABCD}_1$。

（4）将矩阵 $\mathbf{ABCD}_1$ 代入式（2.10），计算得到周期性天线单元的布洛赫阻抗 Z_B。

$$Z_B = \frac{2B}{D - A \pm \sqrt{(A+D)^2 - 4}} \tag{2.10}$$

图 2.10 给出了当辐射单元缝隙宽度 w 为 1.5 mm 时，周期性天线单元布洛赫阻抗的实部和虚部随频率变化的曲线。可以看出，在 37.5 GHz 的边射频率处，$\mathrm{Re}[Z_B]$ 出现了明显的峰值，与此同时，$\mathrm{Im}[Z_B]$ 则从正数迅速变化到负数。因此，在很大程度上，漏波天线边射时产生的强烈驻波谐振现象及阻抗失配问题，与布洛赫阻抗的特性有关[141]。

2.2.3.2 基于双缝隙辐射单元的周期漏波天线

在图 2.6 的基础上，将所用辐射单元的结构从一个矩形横缝扩展成两个，实现了基于波纹平行板波导的具有双缝隙辐射单元的周期漏波天线。其中，每个缝隙的宽度分别为 w_1 和 w_2，缝隙间距为 s_e，其结构如图 2.11 所示。

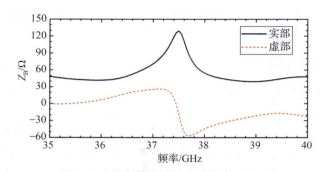

图 2.10　周期性天线单元的布洛赫阻抗

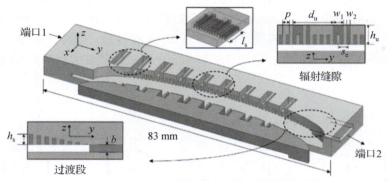

图 2.11　基于双缝隙辐射单元的周期漏波天线结构

为了探讨开放阻带效应的抑制方法，利用等效电路对该周期漏波天线中每个周期性天线单元的阻抗特性进行分析。如图 2.12 所示，类比其他导波结构，波纹平行板波导可以视为特性阻抗为 Z_0 的准均匀传输线。需要注意，此时 Z_0 是布洛赫阻抗，而不是一般意义上的传输线特性阻抗。波纹平行板上的辐射单元可以等效成并联在准均匀传输线上的阻抗加载。对于辐射单元内部的两个辐射缝隙（元素 a 和 b），其等效阻抗分别为 Z_a 和 Z_b。考虑到辐射单元缝隙引入的不连续性，Z_a 和 Z_b 通常为复数。

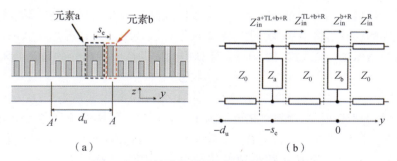

图 2.12　双缝隙辐射单元的等效电路模型

当漏波天线扫描到边射方向时，在周期为 d_u 的周期性天线单元内，元素 b 的右边是波纹平行板波导，因此，从这一点向 $+y$ 轴看去的输入阻抗 Z_{in}^R 可以表示如下：

$$Z_{in}^R = Z_0 \tag{2.11}$$

那么，从元素 b 的左侧向 $+y$ 轴看去的输入阻抗 Z_{in}^{b+R} 可视为 Z_b 与 Z_{in}^R 并联，表示如下：

$$Z_{\text{in}}^{\text{b+R}} = \frac{Z_0 Z_b}{Z_0 + Z_b} \tag{2.12}$$

在 Z_a 与 Z_b 之间是一段特性阻抗为 Z_0 的传输线，其长度与元素 a, b 的间距 s_e 相同。于是，根据传输线理论，在 $y = -s_e$ 这一点向 $+y$ 轴看去的输入阻抗 $Z_{\text{in}}^{\text{TL+b+R}}$ 可以表示如下：

$$Z_{\text{in}}^{\text{TL+b+R}} = Z_0 \frac{Z_{\text{in}}^{\text{b+R}} + jZ_0\tan(\beta_0 s_e)}{Z_0 + jZ_{\text{in}}^{b+R}\tan(\beta_0 s_e)} \tag{2.13}$$

从元素 a 的左侧向 $+y$ 轴看去的输入阻抗 $Z_{\text{in}}^{\text{a+TL+b+R}}$ 可以视为 Z_a 与 $Z_{\text{in}}^{\text{TL+b+R}}$ 并联，表示如下：

$$Z_{\text{in}}^{\text{a+TL+b+R}} = \frac{Z_{\text{in}}^{\text{TL+b+R}} Z_a}{Z_{\text{in}}^{\text{TL+b+R}} + Z_a} \tag{2.14}$$

为实现阻抗匹配，以元素 a 的左侧为参考面，其向 $+y$ 轴和 $-y$ 轴看去的输入阻抗应相同，而元素 a 的左边为波纹平行板波导，从而有如下关系式：

$$Z_{\text{in}}^{\text{a+TL+b+R}} = Z_0 \tag{2.15}$$

对于不同的 s_e，式（2.13）中 $Z_{\text{in}}^{\text{TL+b+R}}$ 通常是包含虚部的复数，这使得表达式相对复杂并且增大了阻抗匹配难度。因此，假设一种特殊情况 $s_e = d_u/4$，即元素 a，b 之间的距离为 1/4 辐射单元间距。在边射时，由 $\beta_0 d_u = 2\pi$ 可知，$\beta_0 s_e = \pi/2$，则式（2.13）可化简如下：

$$Z_{\text{in}}^{\text{TL+b+R}} = \frac{(Z_0)^2}{Z_{\text{in}}^{\text{b+R}}} = \frac{Z_0(Z_0 + Z_b)}{Z_b} \tag{2.16}$$

将式（2.16）代入式（2.14）和式（2.15）可得

$$Z_a = Z_0 + Z_b \tag{2.17}$$

由此得到了 Z_a 与 Z_b 的理论关系式，并可将其用于指导元素 a 和 b 的实际物理尺寸设计。可以看出，为了实现边射时的阻抗匹配，辐射单元内两个缝隙的间距被设为 $d_u/4$，且靠近输入端的辐射单元缝隙具有更大的电阻。

虽然辐射单元缝隙的阻抗难以计算，但借助数值仿真软件及布洛赫阻抗计算方法，仍可对不同排布及尺寸的双缝隙辐射单元构成的周期性天线单元的阻抗特性进行分析，如图 2.13 所示。此处，$d_u = 6$ mm，则 $s_e = 1.5$ mm。考虑到波纹平板的物理结构约束，每个周期性天线单元内的两个辐射单元缝隙宽度分别为 1.5 mm 和 0.5 mm。由于难以预判辐射单元缝隙宽度与阻抗大小的对应关系，因而两个辐射单元缝隙具有 I 型（先大后小）和 II 型（先小后大）两种排列方式。从 35 GHz 到 40 GHz，相比于 II 型排列方式，I 型排列方式阻抗的实部变化比较平缓且虚部更接近于 0，使边射频率下的驻波谐振现象得到了明显的改善。

基于 I 型排列方式，图 2.14 给出了间距 s_e 取不同值时，归一化漏波常数 α/k_0 的仿真结果。在 35~40 GHz 频段内，$s_e = d_u/4$ 对应的归一化漏波常数变化范围在 0.02~0.03 之间，而其他 s_e 对应的归一化漏波常数变化范围在 0.01~0.02 之间，这表明恰当地选取两个辐射单元缝隙的间距不仅可以改善阻抗匹配，也可以提高天线的辐射效率。从定性的角度分析，在边射频率附近，间距为 $d_u/4$ 的元素 a、b 沿导波结构中传播方向的相位差约为 $\pi/2$，则电磁波经元素 a 至元素 b 再反射回元素 a 的环路相位延迟约为 180°。这与由元素 a 直接反射的电磁波相位相反[46]，从而在一定程度上抵消了馈源端接收的反射波，整体上改善了阻抗匹配效果。

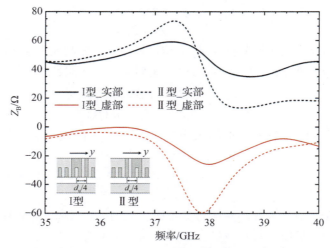

图 2.13 缝隙间距 $s_e = d_u/4$ 的周期性天线单元的布洛赫阻抗

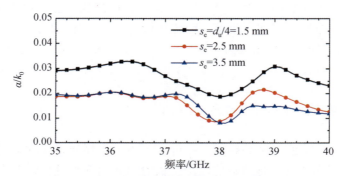

图 2.14 不同缝隙间距对应的归一化漏波常数

图 2.15 所示为分别采用单缝隙和双缝隙-结构作为辐射单元的周期漏波天线在整个 Ka 波段的回波损耗仿真结果。对于只有元素 a 的单缝隙辐射单元结构,漏波天线在 38～38.5 GHz 频段内存在明显的阻带。但是当采用双缝隙辐射单元结构时,天线的反射系数从 38.5 GHz 降至 -11.9 dB。此外,图 2.15 还给出了基于双缝隙辐射单元的漏波天线在 38.5 GHz 的电场分布情况。可以看出,这 9 个辐射单元几乎是被同相激励的,使漏波波束近似沿法向(+z 方向)传播。

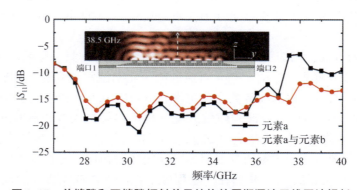

图 2.15 单缝隙和双缝隙辐射单元结构的周期漏波天线回波损耗

2.2.3.3 基于不等波纹凹槽的周期漏波天线

以上案例利用双缝隙辐射单元改善了漏波天线扫描边射方向时的阻抗匹配特性和辐射效率。需要注意，这一解决方案需要在辐射效率与结构完整性之间进行折中。具体来说，如果为提高辐射效率而选用较大的缝隙宽度，那么在一个辐射单元内难以完整地放置两个间距为 $d_u/4$ 的辐射缝隙；如果为保证双缝隙结构的完整性而选用较小的缝隙宽度，则会限制漏波天线的辐射效率。德国 IMST GmbH 公司的研究人员提出了基于多层介质板的横向非对称辐射单元理想模型以抑制开放阻带效应[58]，其中包含了串联谐振器、并联谐振器和理想变压器。通过对电路参数的优化设计，该方法不仅改善了边射时的阻抗匹配，同时也提高了辐射效率。这一概念也为我们寻求更加灵活的开放阻带效应解决方案提供了新思路。

每个辐射单元可看成由慢波传输线部分和辐射缝隙部分共同构成，因而非对称性不仅局限于从辐射缝隙部分着手，其他更为灵活的方式也值得尝试。不同于上文中放置在波纹平板上的辐射缝隙，在接下来介绍的案例中，将辐射缝隙放置在另一侧的光滑平板上以减小物理结构的约束性，然后利用横向非对称（相对于 $x-z$ 平面）的不等波纹凹槽构造辐射单元，设计如图 2.16 所示的另外一款基于波纹平行板的毫米波周期漏波天线，部分尺寸参数见表 2.1。辐射单元可以视为由一个矩形的横缝与其下方相应的波纹凹槽构成，并通过控制每个凹槽深度以产生横向非对称性，达到改善边射辐射特性的目的。

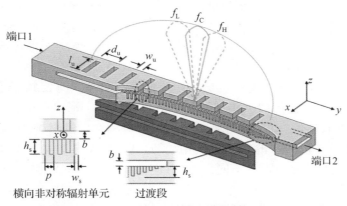

图 2.16 基于不等波纹凹槽的周期漏波天线结构

为提高该方案的适应性，将波纹凹槽的深度 h_s 从 1.5 mm 增大到 1.9 mm。由图 2.4（a）可知，在 Ka 波段内，增大凹槽深度会提高基模的相位常数，但对基模场分布影响较小。当辐射单元间距 d_u 为 6 mm 时，由 β_0 随频率变化曲线可得，边射频率约为 34.5 GHz。

不同于上文介绍的双缝隙辐射单元结构，加载在光滑平板上的辐射单元可以近似等效成 π 型电路，如图 2.17 所示。漏波的横缝可等效成辐射阻抗（或导纳 Y_3），而横缝引入的不连续性又可等效为并联在 Y_3 左右两侧的导纳 Y_1 和 Y_2。于是，可以继续从电路分析的角度出发，研究周期为 d_u 的周期性天线单元布洛赫阻抗的变化特性。

由 Y_1、Y_2 和 Y_3 构成的 π 型等效电路的转移矩阵 $\mathbf{ABCD}_R$ 可以表示如下：

$$\mathbf{ABCD}_R = \begin{bmatrix} A & B \\ C & D \end{bmatrix}_R = \begin{bmatrix} 1 + Y_2/Y_3 & 1/Y_3 \\ Y_1 + Y_2 + Y_1Y_2/Y_3 & 1 + Y_1/Y_3 \end{bmatrix} \quad (2.18)$$

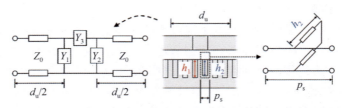

图 2.17　加载在光滑平板上的辐射单元等效电路模型

对于每个周期性天线单元，辐射单元左、右两侧均为波纹平行板，则周期性天线单元的转移矩阵可近似视为"波纹平行板—辐射单元—波纹平行板"的级联结构。为了实现阻抗匹配，级联后的转移矩阵应与基于波纹平行板的准均匀传输线相同，具体表示如下：

$$\begin{bmatrix} \cos(\beta_0 d_u/2) & 0 \\ 0 & \cos(\beta_0 d_u/2) \end{bmatrix} \begin{bmatrix} A & B \\ C & D \end{bmatrix}_R \begin{bmatrix} \cos(\beta_0 d_u/2) & 0 \\ 0 & \cos(\beta_0 d_u/2) \end{bmatrix} = \begin{bmatrix} 1 & 0 \\ 0 & 1 \end{bmatrix} \quad (2.19)$$

由于在边射频率处 $\beta_0 d_u = 2\pi$，则将式（2.18）代入式（2.19）可以得到 Y_1、Y_2 和 Y_3 的关系式如下：

$$\begin{cases} Y_1 = -Y_2 \\ |Y_3| \gg |Y_1| \end{cases} \quad (2.20)$$

根据辐射单元的结构特点，导纳 Y_1 和 Y_2 可以通过改变漏波横缝对应的两个波纹凹槽深度 h_1 和 h_2 进行调节。这是由于每个波纹凹槽都可视为一个终端短路的矩形波导，因而改变凹槽深度等同于调整短路矩形波导的长度，从而产生电容或电感效应。为了简化设计过程，本案例中只改变其中一个凹槽深度 h_2，而保持另一个凹槽深度 h_1 与波纹平行板的凹槽深度 h_s 不变，且 $h_1 = h_s = 1.9$ mm。

在边射频率附近，利用阻抗矩阵与转移矩阵的变换关系，图 2.18 给出了 Y_1、Y_2 和 Y_3 相对于波纹平行板特性阻抗的归一化导纳。如图 2.18（a）所示，当 $h_2 = h_1 = 1.9$ mm 时，$\text{Im}[Y_1]$ 与 $\text{Im}[Y_2]$ 近似相等，辐射单元不具备横向非对称性。但 h_2 取其他值时，$\text{Im}[Y_1]$ 从正数变为负数且恰好与 $\text{Im}[Y_2]$ 的变化趋势相反，这两组曲线在 34~34.5 GHz 频段交汇。图 2.18（b）所示为在边射频率附近不同的 h_2 对应的 Y_1 和 Y_3 的模值。当 $h_2 = 1.7$ mm 时，$\text{Im}[Y_1]$ 与 $\text{Im}[Y_2]$ 交汇在 34.4 GHz 且均为 0，满足式（2.20）中 $Y_1 = -Y_2$ 的条件；并且 $|Y_3|$ 的最大值是 $|Y_1|$ 的 11.6 倍，满足式（2.20）中 $|Y_3| \gg |Y_1|$ 的条件。

图 2.19 所示为不同 h_2 对应的周期性天线单元的布洛赫阻抗 Z_B 的实部和虚部随频率变化的曲线。当 h_2 从 1.9 mm 减小到 1.5 mm 时，在 34~34.5 GHz，$\text{Re}[Z_B]$ 从最大值 250 Ω 减小到 35.7 Ω，且 $\text{Im}[Z_B]$ 的变化逐渐平缓。特别是当 $h_2 = 1.7$ mm 时，$\text{Re}[Z_B]$ 曲线整体在 75 Ω 附近，且 $\text{Im}[Z_B]$ 曲线在 ±12 Ω 之间，说明此时周期性天线单元的特性阻抗近似为实数，边射频率附近的驻波谐振现象被极大地改善。

图 2.20 给出了波纹凹槽尺寸设计前后（分别对应 $h_2 = 1.9$ mm 的等波纹凹槽和 $h_2 = 1.7$ mm 的不等波纹凹槽），周期漏波天线的扫描角度与归一化漏波常数对比结果。在 32~36 GHz 频段内，相比于等波纹凹槽的周期漏波天线，虽然不等波纹凹槽对应的波束指向朝负半空间有微小偏移，但归一化漏波常数从 0.007 提高到 0.013，这有效地改善了天线在边射和正半空间扫描时的辐射效率。

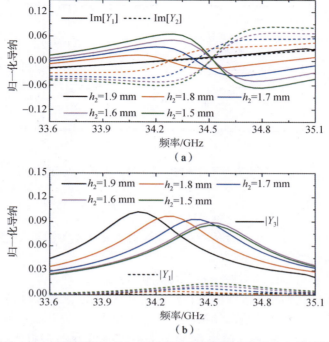

图 2.18 不同凹槽深度 h_2 对应的辐射单元内部各个归一化导纳
（a）不同凹槽深度 h_2 对应的 Y_1 与 Y_2 的虚部；（b）不同凹槽深度 h_2 对应的 Y_1 与 Y_3 的模值

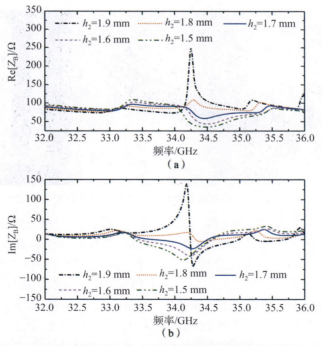

图 2.19 不同凹槽深度 h_2 对应的周期性天线单元的布洛赫阻抗
（a）布洛赫阻抗的实部；（b）布洛赫阻抗的虚部

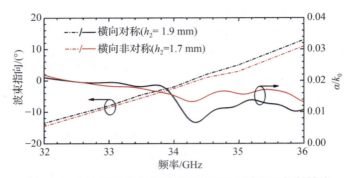

图 2.20 采用横向非对称性设计前后的漏波天线辐射性能

2.2.4 样件案例

为了验证以上方案的可行性，对基于双缝隙辐射单元和不等波纹凹槽的两款波纹平行板周期漏波天线分别进行加工和测试。

下面给出双缝隙辐射单元的周期漏波天线实验结果。

双缝隙辐射单元的周期漏波天线实物样件如图 2.21 所示。需要注意，在不影响辐射性能和可实现性的前提下，天线的输出端被设计成了张角为 20° 的开放结构，以代替仿真模型中的输出端口 2。长度为 17 mm、高度渐变的平滑过渡波导结构将天线的输入端口 1 与 WR28 标准矩形波导（横截面尺寸为 7.112 mm×3.556 mm）相连，以便完成后续的电性能测试。

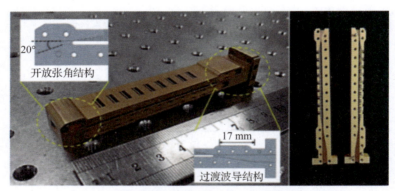

图 2.21 双缝隙辐射单元的周期漏波天线实物样件

天线的反射系数由矢量网络分析仪测得，如图 2.22 所示。对于仿真结果，无论输出端口 2 被设计为矩形波导还是开放张角结构，两者对应的反射系数和波束指向结果都非常相近，且回波损耗在 28～40 GHz 频段内均大于 10 dB，这表明引入张角结构对反射系数和方向图的影响较小。从测试结果可以看出，$|S_{11}| < -10$ dB 对应的频率范围仍然是 28～40 GHz，体现了良好的宽带阻抗匹配效果及仿测一致性。此外，端口 1 与端口 2 之间的插入损耗仿真结果可以用于估计引入开放张角结构带来的辐射损耗。可以看出，该漏波天线在工作频段内 $|S_{21}|$ 的最大值为 −13.1 dB，对应辐射损耗约为 4.9%。总体上，波纹平行板波导内的电磁场在传输过程中高效地转化成漏波辐射。

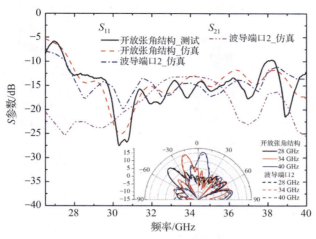

图 2.22 反射系数和辐射损耗

28 GHz，32 GHz，36 GHz，38.5 GHz 和 40 GHz 这五个频率点的 E 面方向图测试结果体现了周期漏波天线的频率扫描性能，如图 2.23 所示。可以看出，方向图的仿真与测试结果吻合得较好，天线获得了 $-42.5°\sim+5.5°$ 的连续波束扫描效果。天线在 38.5 GHz 的主波束指向沿着 $+z$ 轴，即边射方向。需要注意，由于所用波纹平行板波导是有限长的，末端辐射单元的能量是被截断而不是逐渐减小至 0 的，因此，该漏波天线产生了约 -10 dB 的副瓣电平。虽然可以采用增加天线长度的方式进一步降低副瓣电平[140,142]，但这也会占用更多的物理空间，影响天线的口径效率。在此后的工作中，可研究通过对口径面进行幅度加权的方式控制副瓣电平。

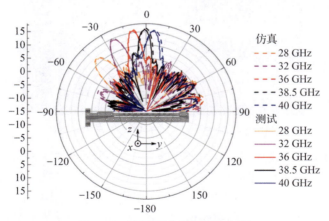

图 2.23 不同频率的 E 面方向图

图 2.24 给出了在每个工作频率下，主波束指向角度的天线增益仿真、测试结果及相应的辐射效率。从 28 GHz 到 40 GHz，仿真与测试的天线增益变化范围分别是 $11.9\sim16.3$ dBi 和 $11.9\sim16.0$ dBi。测试结果略低于仿真结果，其差异主要是由于加工误差和非理想的测试环境。在整个频带内，仿真天线的辐射效率均高于 85%，这表明波纹平行板波导技术在毫米波频率扫描多波束天线设计中具有良好的适配性。

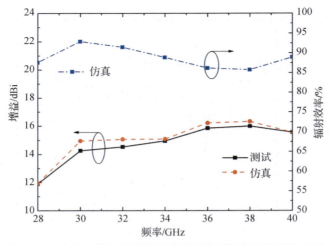

图 2.24　主波束指向角度的天线增益与辐射效率的变化曲线

下面给出不等波纹凹槽的漏波天线实验结果。

不等波纹凹槽的漏波天线实物样件如图 2.25 所示。在端口 1 与 WR28 标准矩形波导之间引入了高度平滑渐变的波导结构，而端口 2 仍然被设计成开放张角结构以减小反射。通过辐射单元的局部放大图可以看到，辐射单元缝隙对应的两个波纹凹槽的深度是不相等的，大约相差 0.2 mm。此外，由于数控机床的铣削加工特点，波纹平行板中每个凹槽底部的圆弧倒角都是不可避免的。

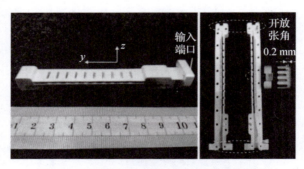

图 2.25　不等波纹凹槽的漏波天线实物样件

图 2.26 所示为漏波天线从 26.5 GHz 到 38 GHz 的反射系数仿真与测试结果。在整个工作频段内，实测反射系数均小于 −11.0 dB；在 32~36 GHz 频段内，实测反射系数的最大值为 −12.9 dB，对应的工作频率为 32.4 GHz。特别是在边射频率附近（34~35 GHz），实测反射系数的最大值为 −15.1 dB，而仿真值为 −15.8 dB。仿真结果差异的主要来源是连接待测天线和矢量网络分析仪的"同轴—波导"转换器的误差。上述结果表明，利用不等波纹凹槽构造非对称辐射单元同样可以很好地抑制开放阻带效应。

图 2.27 所示为 26.5 GHz，29 GHz，32 GHz，34.5 GHz 和 36 GHz 这五个频率点的 E 面方向图测试结果，用于评估漏波天线的波束扫描性能。总体上看，方向图的仿真和测试一致性较好。实测的波束扫描范围为 −47.5°~ +8.5°，而仿真结果是 −48.0°~ +9.0°。此外，随着工作频率增大，实测天线增益从 11.3 dBi 变化为 15.4 dBi，且边射时的增益达到了最大值 15.6 dBi，这显示了横向非对称性辐射单元在提高漏波天线边射辐射效率方面的有效性。

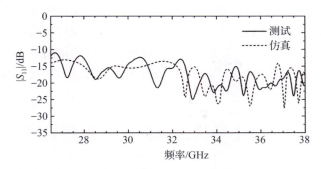

图 2.26　漏波天线反射系数的仿真与测试结果

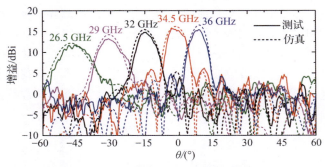

图 2.27　不同频率的 E 面方向图

仿真与测试的天线增益和辐射效率如图 2.28 所示。在工作频带内,增益的仿真与测试结果的最大差为 1.1 dB,这主要是由于非理想的测试环境和加工误差造成的。仿真辐射效率是在考虑了导体损耗和表面粗糙度后的数值计算结果,而测试结果是通过对比仿真的方向系数和实测天线增益获得的。实测辐射效率为 78%~85%,略小于仿真结果。这是由于导波结构末端的开放张角结构使部分电磁波直接从终端辐射出去,这部分辐射损耗增大了天线增益与方向系数之间的差异。

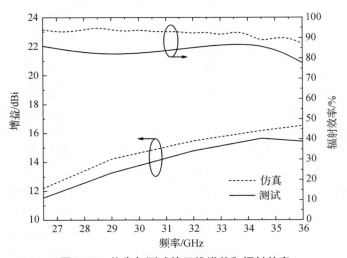

图 2.28　仿真与测试的天线增益和辐射效率

相比此前公开报道的毫米波周期漏波天线，本书给出的案例将无介质损耗的波纹平行板作为导波结构，并采用双缝隙辐射单元和不等波纹凹槽对漏波辐射特性进行了优化，不仅实现了从负半空间到正半空间的连续波束扫描，还保持了较高的辐射效率。同时，相对较低的加工复杂度使两种方案均可采用国内现有的商用化机械加工工艺实现，有利于其由科研向大规模应用的转化。

2.3 基于半模波纹波导的漏波天线

2.3.1 半模波纹波导结构传播特性

半模波纹波导的主体是沿宽边对称面切开的部分开放波纹波导，波纹波导的两个宽边上分别加载具有相同周期和尺寸的波纹槽，这两组波纹槽沿传播方向（y 轴）具有半个周期的交错性，半模波纹波导的结构示意如图 2.29（b）所示。表 2.2 给出了半模波纹波导的一些关键尺寸参数。此前，公开文献对半模波纹波导的论述较少，因此，本节会花较多篇幅阐明半模波纹波导的传播特性，这对于后续基于半模波纹波导的漏波天线构建是非常必要的。

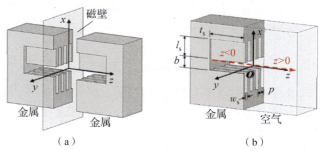

图 2.29 全金属波纹波导与半模波纹波导的结构示意
（a）全金属波纹波导；（b）半模波纹波导

表 2.2 半模波纹波导的部分尺寸参数

尺寸参数	w_s	t_s	l_s	p	b
数值/mm	0.5	3.56	2.0	1.0	1.0

半模波纹波导内部的电磁场分布情况可以通过类比常规的波纹波导的导波特性进行分析。波纹波导内部波纹槽在波导的横截面（x-z 平面）上是封闭且连续的，电流只能在这个封闭区域内传导，导致电场沿着波纹槽的分量（E_z）近似为 0[72]。如果采用沿 y 轴传播的 TE_{10} 模电磁波激励波纹波导，则波纹波导内电场仅分布在其纵向剖面上，因此，波纹波导支持的电磁场模式称为纵剖面电模，即 TE_z 模（或者 LSE_z 模）。由于波纹波导结构沿其纵向剖面（x-y 平面）是对称的，类比矩形波导的场模式特点，x-y 平面可以等效为磁壁。

英国伯明翰大学的 A. Obaid 等人已对波纹波导内部各个电场和磁场分量的表达式进行了理论推导和数值仿真[72]，读者可查阅相关资料。由于半模波纹波导在结构上与波纹波导有很强的相关性，因此，可以大胆猜想半模波纹波导内部的场分布情况也会与 TE_z 模相近。尽管半模结构的部分开放特点使准确获得各个场的分量更加困难，但是借助数值仿真软件，电磁场的分布特性仍然可以被定性讨论,并可以在一定程度上进行定量分析。图 2.30 分别给出了半模波纹波导电场和磁场沿 z 轴的变化情况,观察范围从半模波纹波导的下表面到与自由空间交界面上的部分区域（$-3.56\ \text{mm} < z < 3.56\ \text{mm}$）,并且将场强进行了归一化处理以使仿真结果更加直观。当频率为 30 GHz 时,半模波纹波导内部的场强变化趋势近似为 1/4 周期的三角函数曲线（$-3.56\ \text{mm} < z < 0$）。但是当观察点远离半模波纹波导与自由空间的交界面时,场强呈现指数衰减趋势（$z > 0$）。而且不同于波纹波导内部的磁壁,半模波纹波导的开放边界条件使电场的最大值出现在 $z = -0.51\ \text{mm}$ 处而不是 $z = 0$ 处。

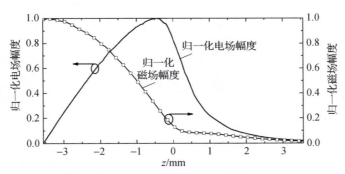

图 2.30　半模波纹波导沿 z 轴的归一化电场和磁场幅度分布

半模波纹波导支持的基模模式可以根据沿传播方向对称面（$y-z$ 平面）的电场和磁场分布情况获得,如图 2.31 所示。其工作频率仍设置为 30 GHz,并采用减高的矩形波导对半模波纹波导馈电。可以看出,电磁波很好地束缚在半模波纹波导上并沿着 y 轴传播,这表明半模结构没有因其部分开放的结构特性使电磁波泄漏到自由空间。此外,电场和磁场主要是由 E_x、H_y 和 H_z 三个分量构成的,这说明半模波纹波导内部支持的基模仍可视为一个准横电（transverse electric,TE）模。与馈电的矩形波导支持的 TE_{10} 模相比,半模波纹波导的基模沿 y 轴的传播周期更短,这表明其波导波长和相速度更小。

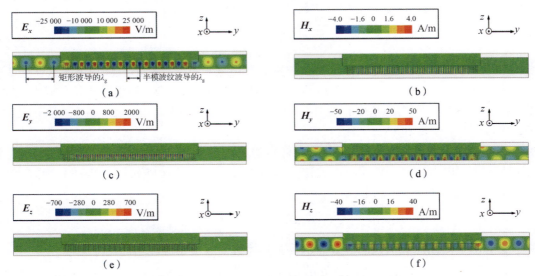

图 2.31　半模波纹波导在 $y-z$ 平面内的电场和磁场分布
(a) E_x;(b) H_x;(c) E_y;(d) H_y;(e) E_z;(f) H_z

在对半模波纹波导结构内部场模式分析的基础上，本节将继续分析该导波结构在不同频率下的相位常数，以获得色散特性的变化规律，从而引出相应的周期漏波天线波束扫描范围和扫描率的调控方法。已知利用亥姆霍兹方程及交界面处场连续性条件，半模波纹波导的相位常数可以通过联立并求解导波结构内部与交界面处的各个场分量得到[72]，但这一计算过程比较烦琐。为了简化计算过程，如图2.32所示，半模波纹波导可视为由"矩形波导—半模矩形波导—半模波纹波导"演化而来，前两者的相位常数表达式相对简洁，类似过程已经在参考文献［135］中被证实。

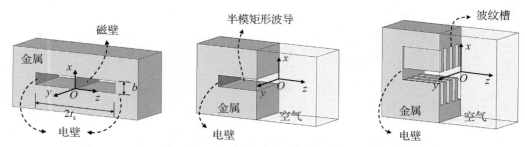

图2.32 "矩形波导—半模矩形波导—半模波纹波导"的近似演化过程

对于图2.32中宽边长度为a_{wg}的矩形波导，其TE_{10}模的相位常数β_{wg}可以通过下列公式计算：

$$\beta_{wg} = \sqrt{k_0^2 - \left(\frac{\pi}{a_{wg}}\right)^2} = \sqrt{k_0^2 - \left(\frac{\pi}{2t_s}\right)^2} \tag{2.21}$$

式中，$a_{wg} = 2t_s$；k_0为自由空间波数。

矩形波导TE_{10}模的截止波长和频率分别为$4t_s$和$c/4t_s$。于是，沿$x-y$面切开矩形波导就可以得到宽边长度$t_s = a_{wg}/2$的半模矩形波导。根据参考文献［135］，半模矩形波导的开放边界可以被磁壁等效替代，但切断面处的边缘场效会使该导波结构的等效宽边长度$t_{s,HMwg}$大于t_s，因此，半模矩形波导的相位常数β_{HMwg}的计算公式如下：

$$\beta_{HMwg} = \sqrt{k_0^2 - \left(\frac{\pi}{2t_{s,HMwg}}\right)^2} \tag{2.22}$$

可以看出，半模矩形波导仍然支持快波模式，但截止频率比矩形波导更低，这在图2.33所示的色散特性曲线仿真结果中也得到了证明。对于宽边长度为$2t_s$的矩形波导和宽边长度为t_s的半模矩形波导，它们的基模相位常数均小于自由空间波数k_0（$k_0 = 2\pi f/c$），且下限截止频率分别为21.1 GHz和15.8 GHz。

半模波纹波导是在半模矩形波导的两侧宽边处加载两组相同周期的波纹槽形成的，因此，该导波结构支持的准TE模电磁波是一种弗洛凯－布洛赫（Floquet－Bloch）模式[15,74]，其相位常数β_{HMCW}可以表示如下：

$$\cos(\beta_{HMCW}p) = \cos(\beta_{HMwg}p) - \frac{g}{2}\sin(\beta_{HMwg}p) \tag{2.23}$$

式中，g为由于周期加载引入的等效导纳，其具体数值取决于波纹槽的尺寸参数。

根据图2.33所示的半模波纹波导的色散特性曲线，如果把频率为21.6 GHz看成分界线，则该曲线的上下两段分别表示$\beta_{HMCW} > k_0$和$\beta_{HMCW} < k_0$，这说明半模波纹波导在Ka波段支

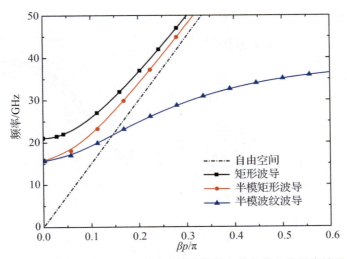

图 2.33　自由空间与三种导波结构基模的色散特性曲线仿真结果

持慢波传输。此外，半模波纹波导与半模矩形波导具有相同的下限截止频率，其原因说明如下。根据式（2.23），由于 g 通常是有限大的，因而当半模矩形波导的工作频率无限接近于截止频率时，等式右边的 $(g/2)\sin(\beta_{HMwg}p)$ 将趋近于 0。为使等式成立，需满足 $\cos(\beta_{HMCW}p)=\cos(\beta_{HMwg}p)$，即 $\beta_{HMCW}=\beta_{HMwg}$，则半模矩形波导也在此频率截止。

图 2.34 给出了关键尺寸参数对半模波纹波导相位常数的影响。图 2.34（a）所示为半模波纹波导与常规波纹波导的色散特性曲线。由该图可以看出，两条曲线在慢波区域具有相似的变化趋势且上限截止频率均在 38.5 GHz 附近，而下限截止频率分别为 15.6 GHz 和 21.0 GHz。如图 2.34（b）所示，当窄边宽度 b 减小至 1.0 mm 时，半模波纹波导在 20～38 GHz 频段具有最大的相位常数，这在漏波天线设计中将有利于增大相邻单元间的相位差。如图 2.34（c）所示，波纹槽的长度 l_s 对半模波纹波导的上限截止频率影响较大，并且当 l_s 较大时，半模波纹波导的相位常数随频率变化更加明显。如图 2.34（d）所示，当宽边长度 t_s 从 2.5 mm 增大到 5.5 mm 时，相位常数的变化趋势相似但工作频段向低频偏移。上述变化规律有助于半模波纹波导在设计过程中实现对基模色散特性的控制，从而改变波束的扫描率。

半模波纹波导在毫米波频段的损耗性能值得重点关注。图 2.35 给出了在不同长度和电导率条件下，半模波纹波导从 26 GHz 到 37 GHz 的插入损耗和衰减情况的仿真结果。对于由电导率 σ 无限大的理想导体构成的半模波纹波导，其插入损耗约为 1.0 dB，并且随长度增加插入损耗无明显变化，这表明导波结构支持的是非辐射的传输模式。这是由于在半模波纹波导的开放边界处，场强是以 $e^{-\alpha z}$ 的指数形式迅速衰减的（见图 2.30），其中 α 是正实数，因此没有实功率从半模波纹波导内部泄漏到上半空间（$+z$ 方向）[13]。需要注意，有限电导率才是影响导波结构损耗的最主要因素。在 26～35 GHz 频段内，铝制（$\sigma=4.0\times10^6$ S/m）半模波纹波导的损耗为 0.09～0.28 dB/λ_0（λ_0 为自由空间波长）；当频率超过 35 GHz 时，半模波纹波导接近上限截止频率而引起较大的欧姆损耗，增大了电磁波的衰减。以上损耗规律，需要在天线设计和加工制备工艺选择时整体考虑。

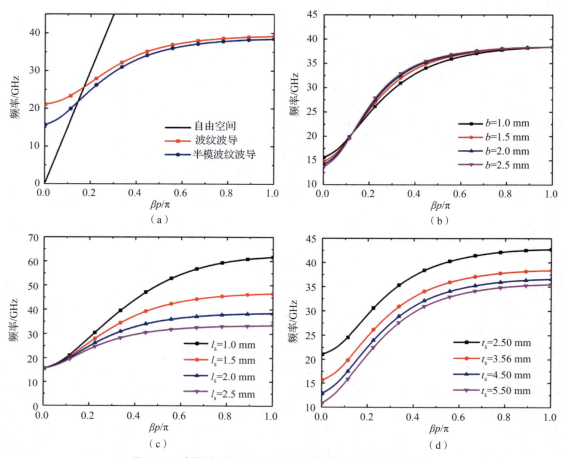

图 2.34 半模波纹波导关键尺寸参数的色散特性曲线分析
(a) 半模波纹波导与常规波纹波导；(b) 窄边宽度；(c) 波纹槽长度；(d) 宽边长度

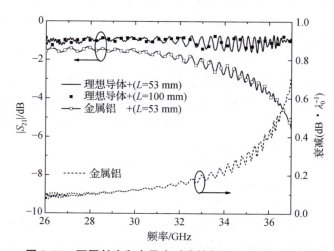

图 2.35 不同长度和电导率对应的插入损耗和衰减情况

2.3.2 天线结构

通过对半模波纹波导传输特性的探讨,进而分别给出线极化和圆极化的两款频率扫描周期漏波天线,分别记为1号天线和2号天线,两款天线的结构示意如图2.36所示。这既体现了半模波纹波导在毫米波周期漏波天线设计中的实用性,也说明了其在极化设计中的灵活性。天线整体由导波结构、辐射单元及馈电结构组成。导波结构采用工作在 Ka 波段的半模波纹波导,其结构特征不再赘述。1号天线和2号天线都具有9个辐射单元,每个辐射单元均由短槽缝隙组成,并以 d_u 为间距均匀分布在半模波纹波导宽边的波纹槽上。1号天线的所有辐射单元都位于同一侧波纹槽上;2号天线的每个辐射单元由两个分别旋转 $-45°$ 和 $+45°$ 的缝隙组成,且依次以间隔 $d_u/4$ 加载到两侧的波纹槽上。天线的馈电部分包含一对减高的矩形波导(端口1和端口2)和波纹槽长度渐变的过渡结构。端口1仍然用于激励整个天线,端口2则与匹配负载相连以吸收未辐射的电磁波。

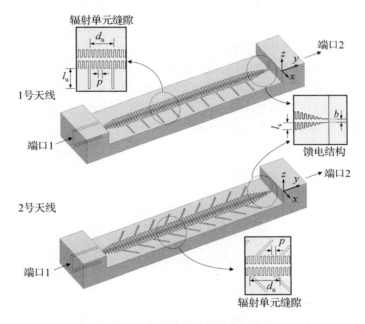

图 2.36 线极化和圆极化的周期漏波天线结构示意

2.3.3 漏波辐射特性

1号天线和2号天线采用工作在 Ka 波段的 $n=-1$ 的空间谐波模式进行漏波辐射,此时将辐射单元的缝隙间距 d_u 设置为 6 mm。图 2.37 所示为 n 分别为 -2,-1,0 时,三种空间谐波模式的色散特性曲线 β_{-2}、β_{-1} 和 β_0。其中 β_0 与半模波纹波导基模的相位常数相同。由式(2.7)可知,这三条曲线的工作频率范围是相同的。以 k_0 为分界线,23 GHz ~ 36 GHz 频段内,β_{-1} 均在快波区(又称漏波区)并从负数逐渐增大到正数。这说明漏波波束的频率扫描过程从负半空间开始,在 31 GHz 附近实现边射,然后进入正半空间。

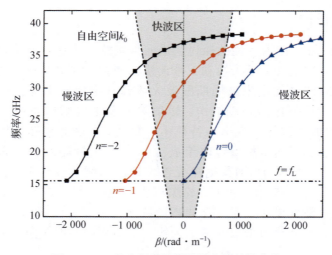

图 2.37 三种空间谐波模式的色散特性曲线

限制漏波天线上限工作频率的主要因素是 $n=-2$ 的空间谐波模式的相位常数 β_{-2}，这与前文基于波纹平行板波导的周期漏波天线类似。由图 2.37 可以看出，当工作频率超过 34 GHz，β_{-2} 进入了负半空间的快波区，从而使天线方向图产生了双波束。如图 2.38 所示，频率在 33 GHz 时只存在一个指向角度为 $+17.5°$ 的主瓣，但在 34.5 GHz 时则同时存在指向角度分别为 $-73°$ 和 $+30°$ 的两个波瓣，且天线增益明显降低。因此，本案例将 1 号天线和 2 号天线的工作频率设置在 26~34 GHz 范围内。

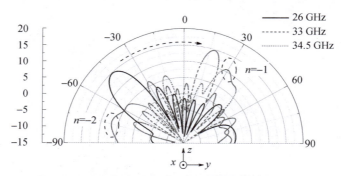

图 2.38 不同频率对应的 $y-z$ 平面天线辐射方向图

2.3.4 缝隙加载的线/圆极化原理

两款天线的漏波辐射是通过在半模波纹波导加载短槽缝隙实现的。短槽缝隙的色散特性曲线如图 2.39 所示，其中每个缝隙都可视为长度为 l_u 的终端短路半模矩形波导。可以看出，半模矩形波导在 Ka 波段的相位常数 β_{HMwg} 均在快波区，且变化范围为 400~750 rad/m。由于终端短路效应，该短槽缝隙的基模近似于具有开放边界条件的 TE 模矩形波导谐振腔，其内部电场沿 x 轴呈现驻波状态。因此，辐射单元缝隙长度 l_u 和谐振频率 f 近似满足如下关系：

$$l_u \approx \frac{\lambda_g}{2} = \frac{1}{2}\frac{2\pi}{\beta_{\text{HMwg}}(f)} \tag{2.24}$$

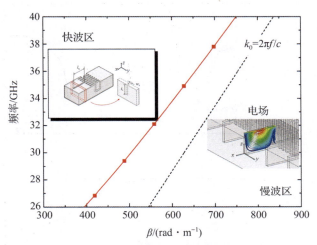

图 2.39　短槽缝隙的色散特性曲线

在本节中，为使短槽缝隙在 26～34 GHz 频段内产生的有效漏波辐射，l_u 被设置为 5.5 mm。

对于具有线极化性能的 1 号天线，图 2.40（a）和图 2.40（b）所示分别为其在 30 GHz 的 E 面和 H 面辐射归一化方向图。E 面方向图的波束指向、半功率波束宽度和副瓣电平分别为 $-9.5°$、$14°$ 和 -12.5 dB；H 面归一化方向图的波束指向、半功率波束宽度分别是 $-5.5°$ 和 $48.5°$，且没有形成明显的副瓣。可以看出，该天线辐射的是一个 E 面波束宽度较窄的扇形波束。此外，方向图的交叉极化电平低于 -20 dB，这说明 1 号天线实现了良好的线极化辐射。图 2.40（c）所示为辐射单元缝隙在口径面处的线极化电场分布情况。电场幅度在辐射单元缝隙的中心处获得最大值，并沿着缝隙向两侧逐渐减小，对应于图 2.39 的半模矩形波导谐振器的模式分析结果。

具有圆极化性能的 2 号天线是在 1 号天线的基础上研制的，其在 31 GHz 的辐射特性如图 2.41 所示。为实现圆极化辐射，每个辐射单元内部需要同时产生两个相互正交、等幅、相位差为 90° 的线极化波。具体地，图 2.41（a）中辐射单元的两个缝隙分别绕 z 轴旋转 $+45°$ 和 $-45°$ 并放置于半模波纹波导的宽边两侧，从而满足了"正交""等幅"的两个圆极化条件。此外，将辐射单元两个缝隙沿 y 轴错开 $d_u/4$ 的距离，使它们被半模波纹波导激励时产生相位延迟 $\Delta\varphi$。理论上，由于 31 GHz 是天线的边射频率，此时 $n=-1$ 的空间谐波的相位常数 β_{-1} 为 0，则 $\Delta\varphi$ 可通过下列公式近似计算：

$$\Delta\varphi \approx \beta \frac{d_u}{4} = \left(\beta_{-1} + \frac{2\pi}{d_u}\right)\frac{d_u}{4} = \frac{\pi}{2} \tag{2.25}$$

这满足了"相位差为 90°"的另一圆极化条件。需要注意，由于辐射单元与导波结构之间的弱耦合效应，31 GHz 处实际波束指向会略偏离边射方向。在本案例中，主波束指向的仿真结果为 $-2.5°$，对应的右旋与左旋交叉极化电平小于 -20 dB。此外，图 2.41（b）利用不同相位下辐射单元缝隙口径面处电场分布变化，进一步说明了 2 号天线的右旋圆极化形成机理。在实际应用中，左旋或右旋圆极化的漏波辐射可以通过调换辐射单元内两个缝隙沿着 y 轴的相对位置实现。

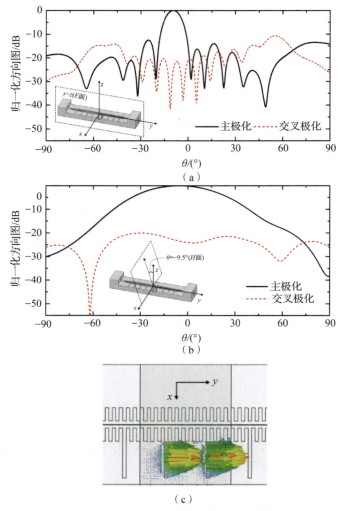

图 2.40　1 号天线在 30 GHz 的辐射特性
(a) E 面辐射归一化方向图；(b) H 面辐射归一化方向图；
(c) 辐射单元缝隙在口径面处的线极化电场分布

图 2.42 给出了在 26~34 GHz 频段内 1 号天线、2 号天线的主波束指向与理论计算的波束指向范围的对比。可以看出，1 号天线和 2 号天线的主波束扫描范围分别是 $-45°\sim+30.5°$ 和 $-50°\sim+27.5°$，与理论计算结果非常接近，而它们之间的差异主要是由两款天线所用的辐射缝隙数量及放置方式导致的。相比于 2 号天线，1 号天线的主波束指向在 31 GHz 附近存在波动，这主要是由于波束扫描到边射时天线出现的开放阻带效应。

图 2.43（a）给出了两款天线反射系数的仿真结果。具有圆极化性能的 2 号天线在整个工作频段内的 $|S_{11}|$ 均低于 -10 dB，而具有线极化性能的 1 号天线的 $|S_{11}|$ 在 31.1 GHz 附近达到 -2.8 dB。对于 1 号天线，反射系数的突变是开放阻带效应引起的。每个辐射缝隙产生的反射波同相叠加到输入端口 1，导致了回波损耗的恶化。但是对于 2 号天线，由于所用的辐射单元具有双缝隙结构，因此，它不仅实现了圆极化辐射，同时也抑制了开放阻带效应。图 2.43（b）给出了两款天线归一化漏波常数 α/k_0 随频率变化的曲线。可以看出，

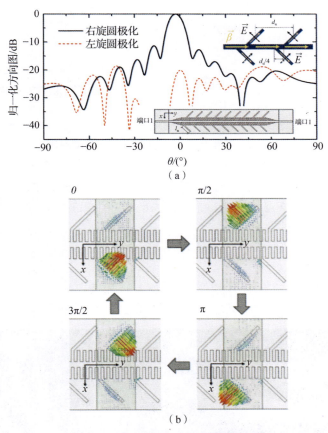

图 2.41 2号天线在 31 GHz 的辐射特性

(a) E 面辐射归一化方向图；(b) 辐射单元缝隙在口径面处的圆极化电场分布

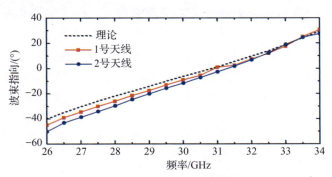

图 2.42 1号天线、2号天线的主波束指向与理论计算的波束指向范围的对比

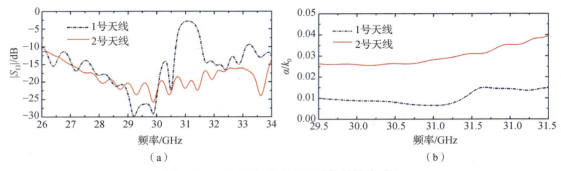

图 2.43　1 号天线、2 号天线的辐射性能对比
（a）两款天线反射系数的仿真结果；（b）两款天线归一化漏波常数随频率变化的曲线

1 号天线的漏波常数在 29.5～32.5 GHz 频段内约为 0.01，而在 31.1 GHz 达到了最小值 0.006。不同于 1 号天线，2 号天线在整个频段内的归一化漏波常数明显更大（超过 0.025），这说明 2 号天线具有更高的辐射效率。

2.3.5　样件案例

1 号天线和 2 号天线的实物样件如图 2.44 所示。在馈电端口与 WR28 标准矩形波导之间，设计和加工了长度为 17 mm 的过渡段结构以便与测试仪器相连。

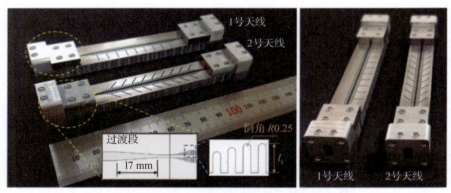

图 2.44　1 号天线和 2 号天线的实物样件

图 2.45 给出了两款天线的预仿真结果，以评估过渡段和加工工艺对天线性能的影响。在图 2.45（a）中，过渡段的反射系数在整个 Ka 波段内均低于 -18 dB，说明它对天线的匹配性能影响较小。由于波纹槽是采用 $\phi 0.5$ mm 的铣刀加工而成的，因此，每个波纹槽的末端都存在半径为 0.25 mm 的倒角（见图 2.44），这会对导波结构的相位常数产生较小影响。如图 2.45（b）所示，倒角使相位常数整体降低，并且对高频处的影响比较明显，这导致两款天线的波束扫描范围下降了 2°～5°，如图 2.45（c）和图 2.45（d）所示。

线极化辐射的 1 号天线测试结果如下。

图 2.46 给出了 1 号天线的 S 参数仿真与测试结果。由于加工误差，在 26～36 GHz 频段内，实测结果比仿真结果向高频偏移了 0.2 GHz。26.2～31.2 GHz 和 32.1～34 GHz 两个频段分别对应负半空间和正半空间的频控波束扫描，且实测 $|S_{11}|$ 均小于 -10 dB，体现了良好的

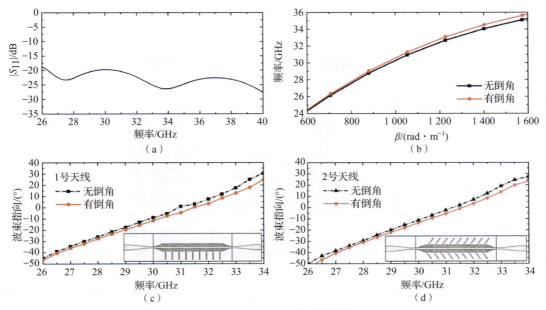

图 2.45　1 号天线、2 号天线的预仿真结果

(a) 过渡段的反射系数；(b) 倒角对半模纹波导相位常数的影响；
(c) 倒角对 1 号天线波束扫描范围的影响；(d) 倒角对 2 号天线波束扫描范围的影响

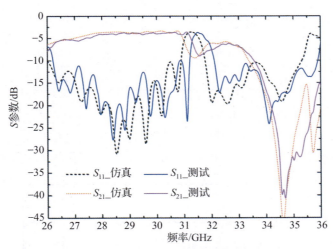

图 2.46　1 号天线的 S 参数仿真与测试结果

阻抗匹配效果。需要注意，当频率高于 34 GHz 时，$|S_{21}|$ 迅速减小，这是由于 $n=-2$ 的空间谐波进入快波区使漏波率增大。虽然此时 1 号天线的反射系数仍然较小，但这种双波束辐射不在本案例的讨论范围之内。

天线的辐射方向图是在微波暗室利用平面近场扫描测试系统得到的。1 号天线在 y-z 平面的辐射方向图测试结果如图 2.47 所示，其辐射性能参数见表 2.3。可以看出，在 26.5 ~ 33.5 GHz 频段内，1 号天线的波束扫描范围是 $-42.7° \sim +16.5°$。除边射方向外，其他波束指向对应的天线增益均超过 12.0 dBi。对于波束指向和天线增益，仿真和测试结果的最大偏差分别是 2.5° 和 0.4 dB，这主要是由加工误差产生频率偏移引起的。

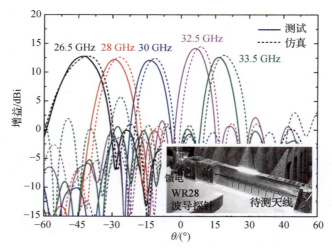

图 2.47 1 号天线在 y – z 平面的辐射方向图测试结果

表 2.3 1 号天线的辐射性能参数

工作频率/GHz		26.5	28.0	30.0	32.5	33.5
波束指向/(°)	仿真	−40.5	−27.0	−11.5	8.5	19.0
	测试	−42.7	−29.3	−13.9	6.3	16.5
天线增益/dBi	仿真	12.8	12.6	12.4	14.4	13.0
	测试	12.8	12.2	12.1	14.1	12.6
半功率波束宽度/(°)	仿真	16.0	11.0	9.7	8.7	10.3
	测试	14.6	11.0	10.4	9.5	9.0

圆极化辐射的 2 号天线测试结果如下。

图 2.48 给出了 2 号天线的 S 参数仿真与测试结果。在 26.5 ~ 34 GHz 频段内，实测 $|S_{11}|$ 和 $|S_{21}|$ 的最大值分别是 −10 dB 和 −8.5 dB，与仿真结果吻合得较好。

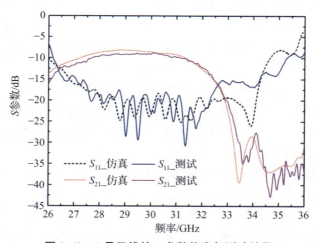

图 2.48 2 号天线的 S 参数仿真与测试结果

图 2.49 给出了 2 号天线在 $y-z$ 平面的右旋（主极化）和左旋（交叉极化）圆极化方向图，此时工作频率为 31.5 GHz。可以看出，仿真与测试的主波束指向相差 2.0°。仿真结果的天线增益、半功率波束宽度和交叉极化电平分别是 15.0 dBic，9.5° 和 -25.9 dB，而相应的测试结果分别是 14.3 dBic，9.0° 和 -21.8 dB。

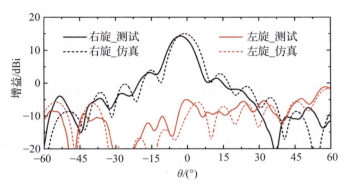

图 2.49　2 号天线在 $y-z$ 平面的右旋和左旋圆极化方向图

图 2.50 给出了 2 号天线在 $y-z$ 平面的辐射方向图，测试频点包括 26.5 GHz，28 GHz，30 GHz，32 GHz 和 34 GHz。可以看出，天线的波束扫描范围是 -48.0°~+22.7°，波束指向和最大增益的仿测差异分别是 3.8° 和 0.6 dBi。此外，由于在 34 GHz 频率处天线的漏波率较高，因此，相比于其他频点，天线增益出现了明显下降的趋势且波束宽度增大。

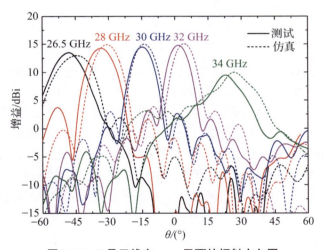

图 2.50　2 号天线在 $y-z$ 平面的辐射方向图

图 2.51 给出了在 26.5~34 GHz 频段内，2 号天线最大波束指向对应的圆极化轴比仿真与测试结果。可以看出，实测轴比在 0.9~2.4 dB 且最小值出现在边射频率处，与仿真结果吻合得较好。2 号天线的辐射性能参数见表 2.4。

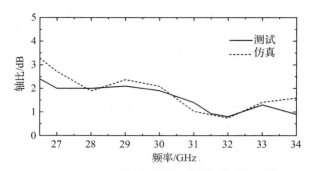

图 2.51　2 号天线最大波束指向对应的圆极化轴比仿真与测试结果

表 2.4　2 号天线的辐射性能参数

工作频率/GHz		26.5	28.0	30.0	32.0	34.0
波束指向/(°)	仿真	−44.5	−31.0	−14.0	4.0	26.5
	测试	−48.0	−33.4	−14.9	1.5	22.7
天线增益/dBic	仿真	13.0	14.9	15.0	15.1	10.0
	测试	13.5	14.3	14.5	14.8	9.5
半功率波束宽度/(°)	仿真	16.9	11.5	9.9	9.4	16.6
	测试	14.0	12.2	9.9	9.5	14.4
轴比/dB	仿真	3.3	1.9	2.1	0.7	1.6
	测试	2.4	2.0	1.9	0.8	0.9

将基于半模波纹波导的漏波天线与此前一些基于波导的毫米波漏波天线进行对比，相比于此前的 Ka 波段全金属周期漏波天线，本书给出的案例可以从后向空间到前向空间以较高的扫描率实现连续的圆极化漏波辐射。与此前其他半模 SIW 天线[76,136-137]相比，该半模波纹波导结构在降低损耗方面具有明显优势，且以单端口馈电的形式简化了线/圆极化的激励方式。此外，不同于基于微机械工艺的天线[74,138]，该研究成果受工艺的约束和影响较小，可以有效地激励高次空间谐波模式，尤其是形成圆极化辐射。综上所述，本章介绍的方案为实现高扫描率、低损耗和多种极化的毫米波频率扫描多波束天馈前端，提供了一种崭新且可行的解决方法。

2.4　小　结

本章介绍了两类在毫米波频段构建高效频扫天线的新方法。通过探讨两种全金属的一维周期导波结构，即波纹平行板波导和半模波纹波导，与辐射单元协同设计，可以得到工作在 Ka 波段的全金属频率扫描周期漏波天线。亚波长波纹凹槽的引入，使导波结构在工作频段内实现了慢波模式的传输。通过在导波结构上加载等间距的辐射单元，漏波天线实现了从负半空间到正半空间的连续波束扫描，并保持了较高的辐射效率。

对于基于波纹平行板波导的漏波天线,所用的波纹凹槽均位于平行板的一侧,且辐射单元采用短槽横缝的形式。这类漏波天线具有辐射效率高、制备复杂度低等优点。本章分别介绍了基于双缝隙辐射单元和不等波纹凹槽的两种辐射单元匹配加载的形式。在基本频扫特性研究的基础上,重点关注开放阻带效应的抑制方法。双缝隙辐射单元位于导波结构的波纹板上,通过在每个辐射单元内引入两条阻抗不同的辐射单元缝隙抑制开放阻带效应。不等波纹凹槽的设计使辐射单元获得了横向非对称性,通过改变凹槽的深度使边射扫描性能得到显著改善。

对于基于半模波纹波导的漏波天线,所用的导波结构可以视为在半模矩形波导的两侧宽边加载两组相同的波纹凹槽而形成的。从负半空间到正半空间的漏波辐射则是利用终端短路的半模矩形波导谐振缝隙实现的。得益于半模波纹波导的高色散性,该天线可以在有限工作频带内实现大角度的波束扫描。将辐射缝隙旋转至不同角度,可以分别实现线极化、圆极化两种漏波辐射。圆极化的灵活实现是该设计理念的重要特色。同时,极化调控可以和频带优化协同实现。圆极化天线采用了双缝隙辐射单元结构,使边射时的开放阻带效应得到抑制,从而获得了良好的阻抗匹配。

上述两类全金属漏波天线均被实验验证。对于采用双缝隙辐射单元的波纹平行板漏波天线,其在 28～40 GHz 频段内的波束扫描范围为 $-42.5°$~$5.5°$,最大波束指向处的天线增益在 11.9～16.0 dBi 之间,且辐射效率达到了 85%。基于不等波纹凹槽的波纹平行板漏波天线工作在 26.5～36 GHz 频段内,对应的波束指向为 $-47.5°$~$+8.5°$,天线在边射时的增益达到了最大值 15.6 dBi,且辐射效率大于 78%。基于半模波纹波导的线极化漏波天线在 26.5～33.5 GHz 频段内的波束扫描范围为 $-42.7°$~$16.5°$(扫描率为 8.5°/GHz),而相应的圆极化漏波天线在 26.5～34 GHz 频段内实现了 $-48.0°$~$22.7°$ 的波束扫描范围(扫描率为 9.4°/GHz)。综上所述,对于全金属的高效率毫米波频扫漏波多波束天线的研究,本章介绍的方案在实现宽扫描范围、高扫描率、极化灵活设计方面具有很好的参考价值。

第 3 章
毫米波天馈一体全金属透镜多波束天线

1999 年，W. M. Merrill 等人提出了混合不同比例、不同介质的等效媒质理论[143]，极大地降低了梯度折射率光学器件的制备难度和成本。在毫米波频段，考虑到介质损耗对辐射效率的影响，人们开始探究利用全金属结构实现梯度折射率分布的方法。其中，最为典型的是基于平行板波导的一维扫描龙勃透镜天线，但其在天馈结构集成方面仍然存在一些问题。本章将介绍一种解决以上问题的办法。给出的具体范例是基于方形金属销钉加载的平行板波导结构建立毫米波频段的梯度折射率空间，并设计成相应的龙勃透镜多波束天线。在整个 Ka 波段，该平行板波导的等效折射率具有近似各向同性的特点。平行板的上层金属板被优化成向下凹陷的曲面形状，并且平行板的边缘被设计成渐变张角结构。这不仅满足龙勃透镜的折射率分布函数，同时也可实现透镜与馈电波导之间的良好过渡。此外，本章还将进行另一种尝试，利用反射定律[144-145]，将龙勃透镜沿中心对称面切开并引入金属壁结构，实现体积、质量只有原来一半的龙勃反射透镜天线。

3.1 透镜的基本原理

龙勃透镜能将无穷远的物点（平行光）锐成像至透镜边缘。与其类似的透镜形式还有很多种，例如，MFE 透镜可以将边缘点锐成像至对称边缘位置。两者的区别仅在于沿径向不同的梯度折射率分布。1958 年，S. P. Morgan 在 R. K. Luneburg 的研究基础上进行了推广，提出了一种球面梯度透镜[146]，它可以将空间中某一有限范围锐成像至另一范围，从而将龙勃透镜与 MFE 透镜在形式上进行了统一，即广义龙勃透镜。图 3.1 所示为射线在广义龙勃透镜内传播轨迹示意图。对于折射率为 $n(r)$ 的广义龙勃透镜，其归一化半径为 1，两个焦点 P_0 和 P_1 与中心 O 的距离分别为 r_0 和 r_1。

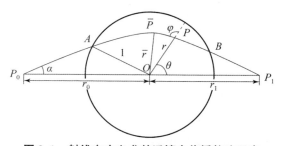

图 3.1　射线在广义龙勃透镜内传播轨迹示意

图 3.1 中射线表示的是入射电磁波的传播情况，A，B 表示入射波与透镜边缘的两个交点。假设射线与中心 O 的距离为 r，可令参数 $\rho(r) = n(r)r$。从形式上看，$\rho(r)$ 为一个分段函数：当射线在透镜外部（$r>1$）时，$n(r)=1$，$\rho(r)=n(r)$；而当射线在透镜内部（$0<r<1$）时，$\rho(r)=n(r)r$。根据推广到球面对称媒质的斯涅耳定律，光线不变量 κ 表示如下：

$$\kappa = n(r)r\sin\varphi \tag{3.1}$$

κ 在透镜内外及边缘沿传播方向为不变量，并可以通过焦点 P_0 的位置来确定，有如下公式：

$$\kappa = r_0 \sin\alpha \tag{3.2}$$

对于具有梯度折射率分布的透镜，由欧拉-拉格朗日方程可得

$$\frac{n(r)r^2 \dfrac{\mathrm{d}\theta}{\mathrm{d}r}}{\left[1 + r^2\left(\dfrac{\mathrm{d}\theta}{\mathrm{d}r}\right)^2\right]^{1/2}} = \kappa \tag{3.3}$$

根据折射率沿径向分布的对称性和光路可逆性原理，$\bar{P}$ 点位于曲线 AB 的中点。因此，从 P_0 到 P_1 的光线可以分为 $P_0\bar{P}$ 和 $\bar{P}P_1$ 两部分，且 $\mathrm{d}r/\mathrm{d}\theta$ 在 $\bar{P}$ 点等于 0。利用式（3.3）对这两部分分别进行积分并相加可得

$$0 = \pi + \int_{r_0}^{\bar{r}} \frac{k\mathrm{d}r}{r(\rho^2 - k^2)^{1/2}} - \int_{\bar{r}}^{r_1} \frac{k\mathrm{d}r}{r(\rho^2 - k^2)^{1/2}} \tag{3.4}$$

对式（3.4）进行数学变形，可求得折射率 $n(r)$ 的计算公式如下：

$$n(r) = \exp[\omega(\rho, r_0) + \omega(\rho, r_1)] \tag{3.5}$$

$$\rho = n(r)r \tag{3.6}$$

式中，

$$\omega(\rho, r) = \frac{1}{\pi}\int_\rho^1 \frac{\arcsin(k/r)\mathrm{d}k}{(k^2 - \rho^2)^{1/2}} \quad (0 \leq \rho \leq 1, r \geq 1) \tag{3.7}$$

对于焦点在 $r=1$ 透镜边缘和 $r=\infty$ 无限远的两种特殊情况，式（3.7）具有如下形式：

$$\omega(\rho, 1) = \frac{1}{2}\ln[1 + (1-\rho^2)^{1/2}] \tag{3.8}$$

$$\omega(\rho, \infty) = 0 \tag{3.9}$$

对于龙勃透镜来说，$r_0 = 1$ 且 $r_1 = \infty$，代入式（3.5）可得

$$n(r)^2 = 1 + [1 - (nr)^2]^{1/2} \tag{3.10}$$

化简得

$$n(r) = (2 - r^2)^{1/2} \tag{3.11}$$

对于 MFE 透镜来说，$r_0 = r_1 = \infty$，代入式（3.5）可得

$$n(r) = 1 + [1 - (nr)^2]^{1/2} \tag{3.12}$$

化简得

$$n(r) = 2/(1 + r^2) \tag{3.13}$$

图 3.2 给出了当梯度折射率分布函数分别满足式（3.11）和式（3.13）时，射线在透镜内部的传播情况。式（3.11）对应的是龙勃透镜，它使从边缘处点源发出的锥形射线转

变成在自由空间的平行光，如图 3.2（a）所示。式（3.13）对应的是 MFE 透镜，它使射线入射至透镜后汇聚在关于透镜中心对称的另一侧，如图 3.2（b）所示。

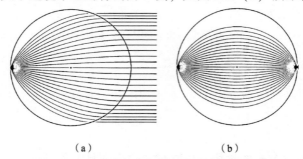

(a)   (b)

图 3.2   射线在梯度折射率透镜内传播轨迹示意
(a) 龙勃透镜；(b) MFE 透镜

3.2   空气填充全金属龙勃透镜

图 3.3 所示为空气填充全金属龙勃透镜结构示意，本节介绍的龙勃透镜是由加载均匀金属柱的间距渐变平行板波导构成的。其中，上层金属板具有从中心向边缘渐变的曲面轮廓，下层金属板被放置了等间距的方形金属柱阵列。由于周期性结构的引入，该双层金属板内传播模式场包含电场纵向分量，因此该透镜类似 TM 模。其各向同性周期单元结构示意如图 3.4 所示。

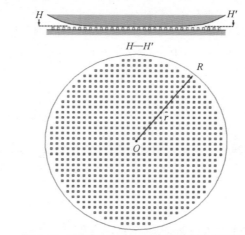

图 3.3   空气填充全金属龙勃透镜结构示意

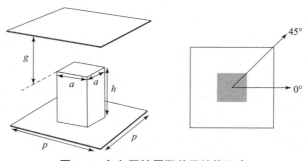

图 3.4   各向同性周期单元结构示意

各向同性周期单元的等效折射率可以通过计算其基模相位常数 β_0 与平行板波导 TEM 波相位常数 k_0 的比值得到。图 3.5（a）给出了当电磁波以 0°入射时，金属柱与上层板的间距 g 取不同值时对应的周期单元等效折射率。考虑到机械加工的精度和周期单元远小于波长的要求，将 p 设为 1.5 mm，将方形金属柱边长 a 与高度 h 分别设为 0.5 mm 和 0.8 mm。从曲线的整体趋势可以看出，减小间距 g 可以使等效折射率增大，特别是当 $g < 0.5$ mm 时，这一变化更加明显。需要注意，当频率小于 40 GHz 时，等效折射率在整个 Ka 波段随频率变化的相对变化率较小。例如，对于 $g = 0.3$ mm，在 26.5 GHz～40 GHz 频段内，等效折射率的最小值和最大值分别为 1.35 和 1.42，而在 50 GHz 处的等效折射率则达到了 1.51。因此，所用的周期单元可以满足龙勃透镜在 Ka 波段内的折射率分布要求，且对频率变化不敏感，这有利于扩展透镜的工作带宽。

将圆形透镜用于多波束天线，必须考虑从不同角度入射情况下透镜的折射率分布情况。为了举例说明上述透镜结构的特性，给出电磁波以 0°和 45°入射时，构成透镜的周期单元等效折射率的变化，如图 3.5（b）所示。当间距 g 分别取 0.3 mm，0.7 mm 和 1.1 mm 时，入射方向对等效折射率曲线的影响很小；当 g 取较大值时，不同入射方向的两条曲线几乎重合；当 g 为 0.3 mm 时，相应的两条曲线也只在高于 40 GHz 的频段存在较小差异。并且，当入射方向为 0°和 45°时，等效折射率在 33 GHz 处分别为 1.37 和 1.38，而在 40 GHz 处分别为 1.40 和 1.42，这种程度的差异在龙勃透镜的设计中是可以接受的。

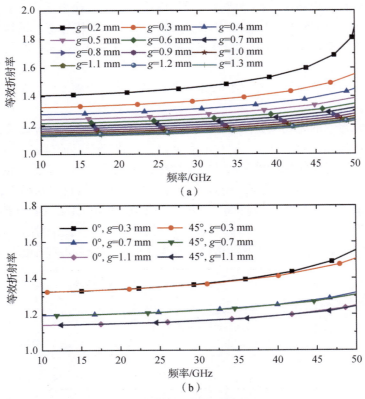

图 3.5　各向同性周期单元的等效折射率

（a）电磁波以 0°入射时金属柱与上层板不同间距对应的周期单元等效折射率；
（b）不同入射方向对应的周期单元等效折射率

在上述各向同性周期单元等效折射率的基础上，由式（3.11）可以得到基于平行板波导且半径为 25 mm 的龙勃透镜内部结构布局。图 3.6 所示为龙勃透镜上层金属板的轮廓线示意。其中，平行板波导的外形尺寸与全金属馈源波导的主波束宽度相互协调确定，目的是提高龙勃透镜的口径效率。上层金属板的曲面形状及其与下层金属板间距的调控方式通过如下步骤确定。

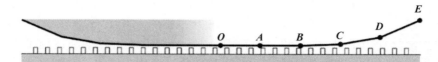

图 3.6 龙勃透镜上层金属板的轮廓线示意

第一步，根据龙勃透镜的旋转对称性。选取过透镜中心的一个对称面作为参考，该面上的关键点定义如图 3.6 所示。利用 4 个点将上层金属板从中心 O 到边缘 E 的曲面轮廓线分成 5 个部分，即 OA、AB、BC、CD、DE，它们在下层平板的投影长度均为 5 mm。

第二步，根据式（3.11）分别得到 A，B，C，D 这 4 个点对应的不同半径的折射率理论数值。

第三步，利用图 3.5 所示的仿真结果得到间距 g 与等效折射率的关系，并依次确定 O，A，B，C，D，E 这 6 个点处的空气间隙高度。需要注意，由于中心点 O 与点 A 处的间距 g 计算结果比较接近，因此可以将 g_O 与 g_A 取相同数值以便于加工；而由于 E 点位于平行板波导的边缘，因此可以将 g_E 设置为与矩形波导窄边宽度相同从而使其与馈电结构匹配。最终得到的各个端点的空气间隙高度分别为 $g_O = 0.3$ mm，$g_A = 0.3$ mm，$g_B = 0.4$ mm，$g_C = 0.6$ mm，$g_D = 1.3$ mm，$g_E = 3.56$ mm。

第四步，利用直线段将图 3.6 所示的 6 个点首尾相连形成多段线，从而近似实现上层金属板的曲面轮廓。

根据上述步骤得到的龙勃透镜是非理想的。根据 Floquet 原理，等效折射率的模拟结果是在周期单元数量足够多时得到的。这里只是通过连续改变平行板与金属柱顶端间距来控制等效折射率的。这使得相邻周期单元尺寸差异较小，等效折射率连续且变化平缓。尽管采用的设计方法不完全满足 Floquet 原理，但是在设计过程中，仍然可以对所需的折射率分布函数实现良好的模拟。图 3.7 所示为在 26.5 GHz，33 GHz 和 40 GHz 三个频点处，这种非理想龙勃透镜的等效折射率分布与理论值的对比。此外，图 3.8 所示为利用三维电磁仿真软件 HFSS 给出的 33 GHz 平面波激励的龙勃透镜内部电场分布情况。可以看出，在整个 Ka 波段，

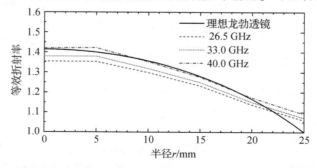

图 3.7 不同频率点对应的非理想龙勃透镜等效折射率分布与理论值的对比

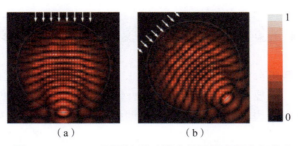

图 3.8　33 GHz 平面波激励的龙勃透镜内部电场分布
(a) 平面波以 0°入射透镜；(b) 平面波以 45°入射透镜

采用多段线的方式可以较好地拟合龙勃透镜的理论计算结果。但是在透镜边缘处，由于金属柱的存在，等效折射率不能减小到 1.0，这与理论结果存在一些差异。通过 0°和 45°入射的等相位面变化情况也可观察到龙勃透镜的焦点位置相对透镜边缘有较小偏离，但基本满足多波束天线的设计需求。

3.3　辐射口径与馈电设计

龙勃透镜边缘可视为一般的平行板波导，为减小由平行板边缘处的截断引起的电磁波反射，在龙勃透镜的外围增加一圈双层板间距渐变的开放张角结构，如图 3.9 所示。开放张角结构可以起到平行板与自由空间之间的阻抗变换作用。对于传输 TEM 模的平行板波导，其特性阻抗的计算公式如下：

$$Z_0 = \eta d / w \tag{3.14}$$

式中，η 为自由空间波阻抗；d 和 w 分别为平行板波导的间距和宽度。

将开放张角结构的长度 l 设为 10 mm，将双层板间距从 $g_E = 3.56$ mm 增大到 $d = 9.56$ mm，可以使平行板波导的特性阻抗更接近自由空间波阻抗，从而改善龙勃透镜的匹配效果。图 3.9 所示的龙勃透镜可以通过集成边缘处的 WR28 标准矩形波导直接馈电，使得馈电结构明显简化。图 3.10 所示为龙勃透镜内部电场分布情况。由于能量主要集中在透镜内部金属柱的上表面与上层金属板的下表面之间，因此，与金属柱等高的台阶被设计在透镜边缘处以减小馈电波导引起的电磁波反射，同时这一台阶结构也便于与口径处的开放张角结构相连。

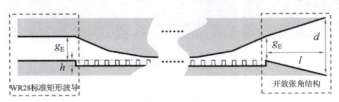

图 3.9　龙勃透镜的馈电波导与边缘渐变结构

图 3.10　龙勃透镜内部电场分布情况

3.4 多波束的透镜天线与反射透镜天线

根据上述对龙勃透镜的分析、设计过程，图 3.11 给出了空气填充的全金属龙勃透镜天线的最终物理模型结构。需要注意，该物理模型只包含位于透镜边缘处的一个馈电端口，其多波束辐射性能是通过沿着边缘弧线排布的多个馈电点来实现的。图 3.12 给出了当馈电端口射线分别以 0°和 45°入射时，不同频率的龙勃透镜天线内部电场分布情况。由该图可以看出，从这两个方向入射的柱面波，经过透镜天线后均被很好地转换成平面波，并分别沿着预期的角度方向辐射。

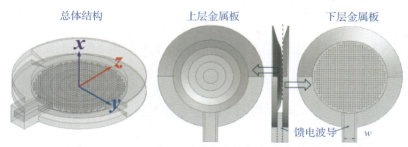

图 3.11 空气填充的全金属龙勃透镜天线的物理模型结构

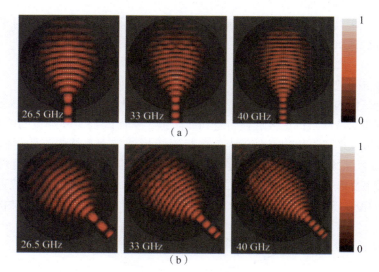

图 3.12 以不同角度馈电的龙勃透镜天线内部电场分布情况
(a) 以 0°入射；(b) 以 45°入射

在生产过程中，材料、工艺、装配等因素都会使梯度折射率器件的实际折射率与设计值之间存在差异，这些差异都将或多或少地影响透镜的电磁性能，特别是对于内部折射率较高的区域。对于本节提出的龙勃透镜，其等效折射率对上下两层金属结构之间的间隙变化最为敏感，因此，可以以典型的加工误差（即 ±0.02 mm）为例，对该透镜电磁性能的稳定性进行分析。图 3.13 给出了工作频率分别为 26.5 GHz，33 GHz 和 40 GHz 频率时，间隙增大 0.02 mm（记作 +0.02 mm）和减小 0.02 mm（记作 −0.02 mm）对辐射性能的影响。除了部分频点的副瓣电平变化为 1~2 dB 以外，天线增益和半功率波束宽度几乎保持不变。这说明该设计具有很好的可实现性。

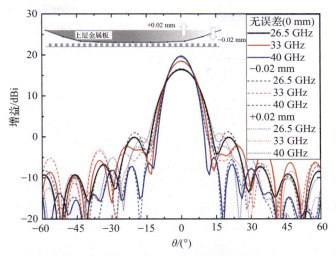

图 3.13　不同频率下尺寸误差对辐射性能的影响

在已提出的龙勃透镜天线的基础上，根据电磁波反射定律，沿着中心对称面将该透镜天线切取一半并放置一个金属反射板；然后通过矩形波导进行馈电，获得具有多波束辐射特性的龙勃反射透镜天线。图 3.14 所示为龙勃反射透镜的工作原理。为了简化理论分析过程，图 3.14 只给出了从焦点到辐射口径处的射线光学分析示意，并忽略了在平行板内部引入周期性金属柱结构对场分布的影响。由电磁波反射定律可知，电磁波经过金属平面反射后，其反射角应与入射角相等，即

$$\theta_r = \theta_i \tag{3.15}$$

因此，假设龙勃反射透镜的反射板存在一个镜像的等效馈源，其位置应恰好处于全尺寸龙勃反射透镜边缘的焦点处，则反射透镜天线仍然可以视为一个完整的龙勃透镜天线。与其他反射面天线类似，馈源对反射波的遮挡效应会使反射透镜天线的增益和波束覆盖范围受到限制。但是在有限角度范围内，该天线仍然可以获得与全尺寸龙勃透镜相似的多波束辐射功能。与常规的龙勃透镜相比，引入金属反射板的反射透镜结构可以使天线的空间占用率更小，并且金属反射板也会在一定程度上提高天线与其他功能器件的隔离度，这对于提高射频系统的设计自由度非常重要。

此外，由于本节所用周期单元结构的各向同性特点，金属反射板在实际使用中可以有多种不同角度的放置方式，如图 3.15 所示的Ⅰ型和Ⅱ型。考虑到天线的整体辐射性能，无论采用哪种放置方式，反射透镜在设计过程中仍需遵循以下两个原则。

（1）反射面应置于全尺寸龙勃透镜的轴对称面上。

（2）反射面不应与其他方形金属柱产生物理结构干涉。

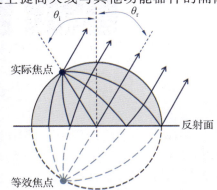

图 3.14　龙勃反射透镜的工作原理

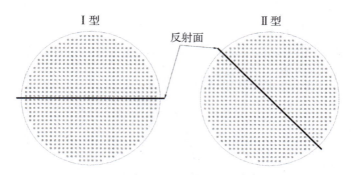

图 3.15　金属反射板的不同放置方式

因此,本节提出的反射透镜天线采用的是Ⅰ型布局方式。

图 3.16 给出了龙勃反射透镜天线最终的物理模型结构,其中辐射口径和馈电波导结构的设计与上文所述的全尺寸龙勃透镜天线相同,在此不再赘述。图 3.17 给出了工作频率分别为 26.5 GHz,33 GHz 和 40 GHz 时,反射透镜内部的电场分布情况。可以看出,当以入射角 $\theta_i = 45°$ 给反射透镜馈电时,矩形波导激励的柱面波经过金属板反射后被很好地转换成反射角 $\theta_r = 45°$ 的平面波辐射,而辐射口径则明显小于全尺寸龙勃透镜天线。

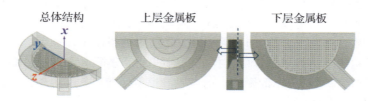

图 3.16　龙勃反射透镜天线最终的物理模型结构

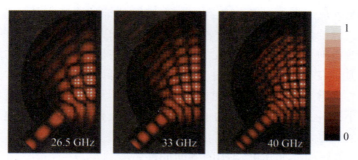

图 3.17　不同频率下的龙勃反射透镜内部电场分布情况

3.5　样件案例

本节给出的透镜天线相应的实物样件均可采用商用化数控机床加工制备。由于平行板波导内所用的每个金属柱尺寸和周期均相同,降低了铣刀对内部细微结构的加工难度,因此,该设计方案具有明显的成本效益。下面将分别给出龙勃透镜和龙勃反射透镜两款天线实物的测试结果(包括单波束及多波束辐射特性),并与仿真数据结果进行对比。

全金属龙勃透镜的实物样件如图 3.18 所示。为表征辐射特性，该透镜天线被单个馈电波导分别以 0°，15°，30°和 45°四个不同的入射角度激励。图 3.19 给出了不同馈电角度时，天线在整个 Ka 波段的回波损耗变化情况，从该图中可以看出，仿真和测试的反射系数均小于 −10 dB，且中心频率附近的反射系数达到了 −15 dB 以下，说明全金属龙勃透镜天线具有较大的阻抗带宽。

图 3.18 全金属龙勃透镜的实物样件

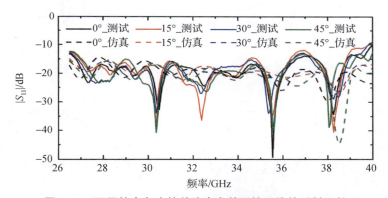

图 3.19 不同馈电角度的单波束龙勃透镜天线的反射系数

图 3.20 给出了在 33 GHz 中心频率下龙勃透镜天线的 E 面（$\varphi = 0°$）和 H 面（$\varphi = 90°$）的归一化方向图，其中馈电波导的入射方向为 0°。从图中可以看出，对应于馈电点位置，透镜天线方向图的主波束指向也是 0°，E 面半功率波束宽度、副瓣电平和交叉极化电平分别为 10.3°，−17 dB 和 −40 dB，与仿真结果吻合得较好。通过对比 E 面和 H 面的波束宽度可知，基于平行板结构的透镜天线具有扇形波束辐射性能。

图 3.21（a）和图 3.21（b）分别给出了工作频率分别为 26.5 GHz，29.5 GHz，36.5 GHz 和 40 GHz 时，透镜天线 E 面和 H 面归一化方向图的测试结果。这些扇形波束的 H 面归一化方向图均具有低副瓣、低交叉极化电平特点。为进一步分析不同入射角度对辐射方向图的影响，将馈电波导沿着平行板边缘分别移动至角度为 −15°、−30°和 −45°的焦点位置，相应的 H 面归一化方向图在整个 Ka 波段内的测试结果如图 3.21（c）所示。尽管不同的入射角度使归一化方向图的形状略有差异，但归一化方向图主瓣的半功率波束宽度基本相同，且副瓣电平在整个 Ka 波段内均小于 −13 dB，说明该全金属龙勃透镜天线具有良好的定向辐射特性。

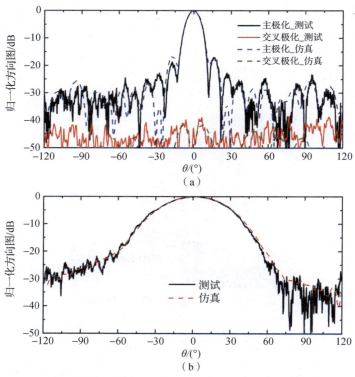

图 3.20　龙勃透镜天线在 33 GHz 下的归一化方向图

(a) H 面归一化；(b) E 面归一化

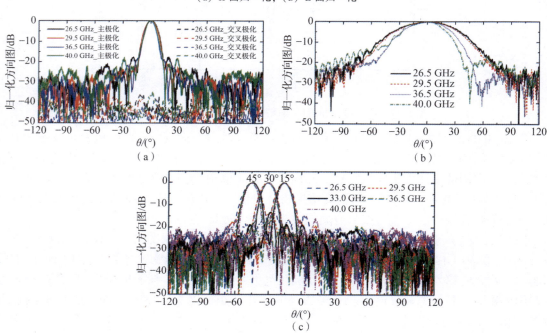

图 3.21　龙勃透镜天线在 Ka 波段内的归一化方向图

(a) H 面归一化；(b) E 面归一化；(c) 不同入射角度对应的归一化方向图

对于龙勃透镜天线,天线增益与口径效率是重点关注的性能指标。口径效率 e 可以通过下列公式计算:

$$e = \frac{A_e}{A_p} \tag{3.16}$$

式中,A_p 为物理口径,表示的是沿垂直于传播方向的投影面积;A_e 为等效口径。A_e 可以利用实测的天线增益 G_{meas} 和自由空间波长 λ_0 求得,其计算公式如下:

$$A_e = \frac{\lambda_0^2 G_{\text{meas}}}{4\pi} \tag{3.17}$$

图 3.22 给出了在不同波束指向和工作频率下,龙勃透镜天线的增益仿真与测试结果和相应的口径效率、辐射效率。由图 3.22 可以看出,当工作频率从 26.5 GHz 增大到 40 GHz 时,实测天线增益在 15.9~19.5 dBi 之间,对应的口径效率分别为 55.7% 和 69.6%。此外,当波束指向为 0°时,天线辐射效率的仿真结果达到了 90%,这表明空气填充结构在有效保证多波束天线高辐射效率方面具有明显效果。

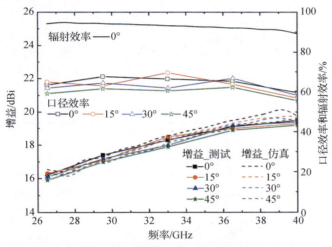

图 3.22 龙勃透镜天线的增益、口径效率和辐射效率

采用 7 个矩形波导馈电的全金属多波束龙勃透镜天线原理样件如图 3.23 所示,其中每个波导以 15°间隔均匀分布在平行板的边缘,以覆盖 ±45° 的波束扫描范围。

图 3.24 给出了该多波束天线的 7 个波导端口反射系数及端口间隔离度的仿真与测试结果。从测试结果可以看出,每个端口的反射系数在整个 Ka 波段均小于 -10 dB,较好地吻合了仿真结果。此外,相邻端口的隔离度约为 17.5 dB,而非相邻端口的隔离度约为 21.5 dB,说明不同端口间具有较好的独立性。

图 3.25(a)给出了在中心频率 33 GHz 处多波束龙勃透镜天线的波束扫描性能,其中每个波束指向的 H 面方向图都是通过单独激励相应端口得到的。实测结果表明,主波束可以获得 -45°~+45°的扫描范围,且副瓣电平和天线增益的扫描损耗分别为 -14.0 dB 和 0.6 dBi,则对应的口径效率为 60.6%~69.6%。图 3.25(b)给出了多波束龙勃透镜天线在其他工作频率点的 H 面方向图。对于每个波束指向,在 26.5~40 GHz 频段内,天线增益均高于 16.1 dBi,且不同指向的波束对于 $\theta=0°$ 的对称性较好,体现了良好的宽带多波束性能。

全金属结构的龙勃反射透镜天线实物如图 3.26 所示,给出其在单一馈电波导激励下的

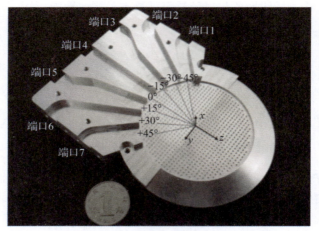

图 3.23 全金属多波束龙勃透镜天线原理样件

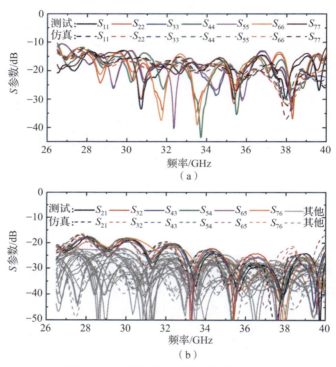

图 3.24 多波束龙勃透镜天线的 S 参数
(a) 反射系数；(b) 端口间隔离度

辐射特性。图 3.27 给出了不同的馈电角度对天线反射系数的影响。在 26.5~40 GHz 频段内，实测的反射系数均在 -10 dB 以下，这表明该反射透镜天线具有良好的阻抗匹配性能。

图 3.28 给出了龙勃反射透镜天线在 Ka 波段内的单波束辐射性能。在 33 GHz，波束指向为 45°的 H 面方向图如图 3.28（a）所示，其半功率波束宽度、副瓣电平和交叉极化电平分别为 11.8°，-15.5 dB 和 -36 dB，与仿真结果吻合得较好。图 3.28（b）给出了其他频率点的 H 面方向图测试结果。相比于全尺寸龙勃透镜天线，该反射透镜天线同样获得了低

第 3 章 毫米波天馈一体全金属透镜多波束天线

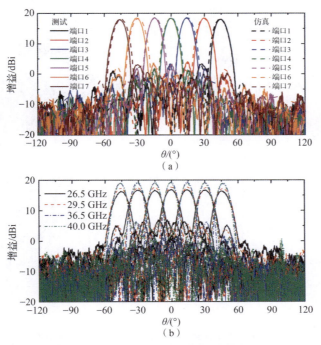

图 3.25 多波束龙勃透镜天线 H 面方向图

（a）中心频率为 33 GHz；（b）其他工作频率点

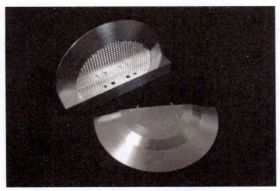

图 3.26 全金属结构的龙勃反射透镜天线实物

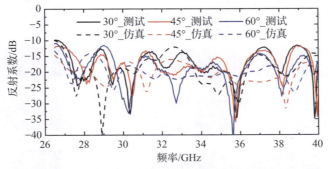

图 3.27 不同馈电角度的单馈电端口龙勃反射透镜天线的反射系数

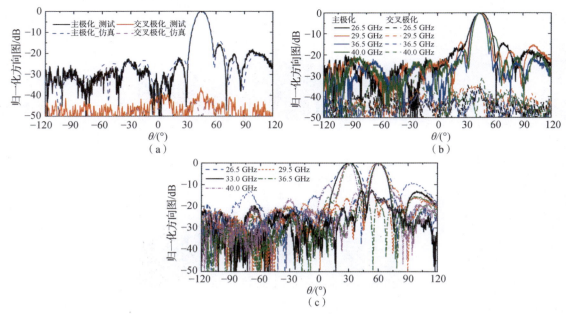

图 3.28 龙勃反射透镜天线在不同频率与波束指向下的 H 面方向图
(a) 33 GHz，波束指向为 45°的 H 面方向图；
(b) 26.5 GHz, 29.5 GHz, 36.5 GHz 和 40 GHz，波束指向为 45°的 H 面方向图；
(c) 整个 Ka 波段，波束指向为 30°和 60°的 H 面方向图

于 -30 dB 的交叉极化电平，但整体的副瓣电平有所恶化。为解释这一现象，表 3.1 给出了全尺寸龙勃透镜与反射透镜天线在口径面处电场分布的对比结果。相比于龙勃反射透镜天线，全尺寸龙勃透镜天线内部的折射率变化情况更加平缓，不存在由金属板引起的折射率突变，因此，在口径面处全尺寸龙勃透镜天线具有更加对称且逐渐削弱的电场幅度分布，使天线获得了更低的副瓣电平。图 3.28（c）给出了波束指向为 30°和 60°时 H 面方向图的测试结果。需要注意，当工作频率为 26.5 GHz 和 40 GHz 时，副瓣电平接近 -10 dB，略高于 33 GHz 中心频率的副瓣电平。此外，波导馈电的反射透镜从整体结构上看是非对称的，这导致波束指向与预期结果存在小于 2°的偏差。尽管反射透镜天线的辐射性能存在些许不足，但仍不失为对多波束天线小型化的一种有益尝试。

表 3.1 全尺寸龙勃透镜与龙勃反射透镜天线口径面处电场分布对比

工作频率/GHz	全尺寸龙勃透镜天线	龙勃反射透镜天线
26.5		
33.0		
40.0		

图 3.29 给出了龙勃反射透镜天线的增益仿真与测试结果和相应的口径效率、辐射效率。对于波束指向分别为 30°、45° 和 60° 这三种情况，该天线的实际物理口径分别为 624.11 mm², 570.96 mm² 和 501.69 mm²。当波束指向为 30° 时，馈电波导对辐射口径遮挡较大，导致口径效率降低；当波束指向为 60° 时，尽管馈源引起的遮挡效应较小，但由于实际口径比较小，因此，天线增益没有出现明显增大；当波束指向为 45° 时，天线可以同时获得较小的馈源遮挡效应和合适的物理口径，因此，整体的辐射性能优于其他角度。此外，对于在整个 Ka 波段内测量得到的所有波束，其增益在 14.5 ~ 19.0 dBi 范围内且口径效率在 45.5% ~ 77.0% 范围内，仿真的辐射效率则达到了 90%。表 3.2 对全尺寸龙勃透镜和龙勃反射透镜天线的相关辐射性能进行了对比。

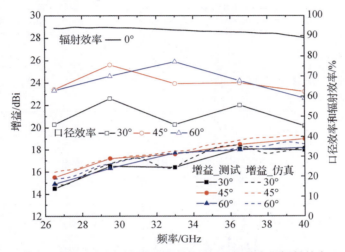

图 3.29　龙勃反射透镜天线的增益、口径效率和辐射效率

表 3.2　全尺寸龙勃透镜与龙勃反射透镜天线辐射性能对比

工作频率/GHz	全尺寸龙勃透镜（0°入射）/龙勃反射透镜（45°入射）		
	增益/dBi	口径效率/%	辐射效率/%
26.5	16.2/15.5	63.5/63.4	94.2/93.8
33.0	18.3/17.6	66.5/66.3	93.2/92.9
40.0	19.5/19.0	59.6/62.3	89.2/89.0

图 3.30 所示为全金属多波束龙勃反射透镜天线实物，在三个矩形波导馈电端口条件下（馈电角度分别为 -30°、-45° 和 -60°），测试多波束龙勃反射透镜天线的辐射性能。图 3.31 给出了三个波导端口的反射系数和端口间隔离度的仿真与测试结果。可以看出，除 26.6 GHz 附近的反射系数约为 -8 dB 外，在 Ka 波段的大部分频带，该天线获得了反射系数小于 -10 dB 的良好阻抗匹配效果，且各端口间的隔离度均大于 13.5 dB。

在不同的波导端口馈电条件下，该天线在 33 GHz 中心频率处的 H 面方向图如图 3.32（a）所示，而其他频率点的相应测试结果如图 3.32（b）所示。在所有的测试频率处，当波束指向从 30° 扫描到 60° 时，方向图获得了良好的定向性。在扫描过程中，天线增益的损耗小于 0.7 dB，由式（3.16）可知实测口径效率在 51.3% ~ 78.9% 之间。

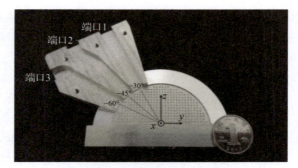

图 3.30　全金属多波束龙勃反射透镜天线实物

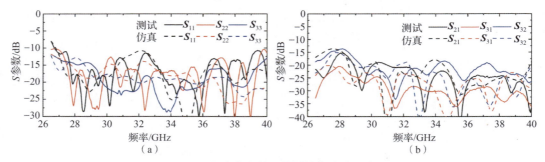

图 3.31　多波束龙勃反射透镜天线的 S 参数
（a）端口反射系数；（b）端口间隔离度

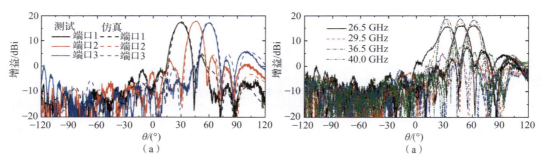

图 3.32　多波束龙勃反射透镜天线 H 面方向图
（a）33 GHz 的 H 面方向图；（b）其他频率点的测试结果

3.6　小　　结

本章主要介绍了一种毫米波全金属龙勃透镜多波束天线的实现方案。多波束龙勃透镜天线是基于各向同性周期单元设计的。透镜内部每个金属柱的高度均相等，根据梯度折射率分布规律，将平行板的上层金属板设计为从中心向边缘径向变化的曲面轮廓。这使得透镜天线在降低制备复杂度的同时，实现了与馈电波导的宽带集成。通过将龙勃透镜沿中心对称面切开，并放置金属反射板，给出了一种多波束龙勃反射透镜天线的实现方案。本章讨论的方案是对前人工作的继承和有效改进，尤其是在透镜多波束网络与馈电结构一体化设计方面，提出了一种崭新的解决方案，在带宽和整体辐射特性上均得到了良好的效果。本章给出的案例是对相关类型方案的特殊尝试，期望该技术能在未来的毫米波应用中发挥重要作用。

第 4 章
毫米波全金属透镜多波束天线功能复合器件

前文所述的全金属梯度折射率透镜只能实现单一的多波束辐射功能,如何设计出具有新型折射率分布的透镜以实现其他功能,甚至与多波束功能复合,提高有限空间内的功能密度,仍是需要思考和解决的问题。因此,本章将介绍了一种全金属透镜交叉耦合器的实现方法,并进一步探寻将辐射与传输两种功能进行复合控制的方法,提出将交叉耦合器嵌入多波束天线(crossover-in-antenna)的设计理念。通过在平行板波导内实现各向异性 Luneburg-MFE 透镜的折射率分布,结合矩形波导直接馈电的方式,获得多波束辐射与多通道传输功能复合的无源天馈器件,在宽频带内实现高辐射效率的多波束及低损耗的交叉耦合传输性能。

4.1 功能复合思路

如第 3 章所述,龙勃透镜可以将入射的平面波转换成柱面波,在多波束天线设计中应用广泛。MFE 透镜作为另一种典型的梯度折射率光学器件,可以在透镜边缘处,实现关于透镜中心对称的点到点完美聚焦,因此可以用于实现多通道的交叉耦合传输。

由于龙勃透镜和 MFE 透镜具有不同的折射率分布函数,若继续采用第 3 章提出的各向同性周期单元结构,则无法使两个透镜的功能复合在一起。因此,本章将介绍了一种各向异性周期单元,并通过控制其尺寸参数,实现工作在 Ka 波段的新型透镜结构。该透镜可以针对不同的入射方向,近似表现出两种不同的折射率变化规律。已有研究团队通过在介质基板上印制金属贴片的方式构造出各向异性周期单元[106-107,147-149],用以改善天线的增益、带宽或实现二维双折射率调控。但是如何利用全金属的各向异性周期单元实现毫米波天馈器件还有待研究。如图 4.1 所示,在 AA' 入射方向附近,各向异性透镜近似具有 MFE 透镜折射率分布函数,可用于实现多通道的交叉耦合传输;而从 B 点入射方向看去,该透镜的梯度折射率分布又近似满足龙勃透镜,因而具有多波束辐射特性。对于 A 点与 B 点之间的入射角度,该

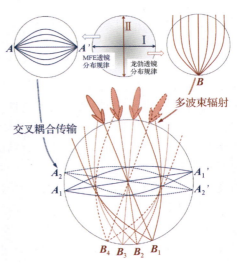

图 4.1 多波束辐射-多通道传输复合功能调控思路示意

透镜的折射率变化特点应在 MFE 透镜与龙勃透镜之间。基于此思路，在毫米波频段，各向异性透镜仍然采用加载均匀金属柱的平行板结构，并通过控制上下层金属板的间距和金属柱尺寸实现所需的等效折射率分布，从而实现辐射 – 传输复合功能器件。下文将详细讨论该思想的实现方法。

4.2　全金属 MFE 透镜交叉耦合器

当前，MFE 透镜已被应用于微波与毫米波频段的天线、传输线设计中，材料技术和等效媒质理论的发展，也为 MFE 透镜的等效折射率实现提供了可行手段。其中，采用 HMFE 透镜的点源到平面波的转换功能可以很好地支持高增益天线设计，利用完整的 MFE 透镜则可以实现多种点到点传输的功能器件。交叉耦合器在具有大规模交叉传输需求的高密度微波系统中是一种经常使用的关键器件。先前的研究中，微波交叉耦合器多采用基于集总元件的电路理论或传输线网络理论。然而，对于更多通道的交叉传输需求，基于传统电路原理和传输线网络原理的设计难度将急剧增加。MFE 透镜以其点对点聚焦特性和旋转对称特征，具备应用于交叉传输器件设计的潜力。与基于电路理论的实现方式相比，面对更多交叉传输通道数量的需求，其设计难度和器件复杂度并不会明显增加。当前，已出现一些将 MFE 透镜机理，应用于光子集成电路中的波导交叉传输结构案例，这些案例大多采用适合光学电路制备的微纳工艺。而在微波与毫米波频段，MFE 透镜交叉耦合器的研究尚属空白。此外，为了克服介质材料的使用给毫米波频段应用带来的损耗和不确定性，全金属结构已经逐渐用于毫米波透镜的实现。

因此，基于笔者在 2020 年的前期研究成果，在讨论 MFE – Luneburg 各向异性透镜之前，本节给出一种六通道的毫米波全金属 MFE 透镜交叉耦合器案例。MFE 透镜的实现方法与第 3 章提到的方法类似，也是采用单面加载均匀周期金属柱的平行板波导结构，但针对 MFE 透镜的等效折射率要求进行了重新设计。下文将介绍该案例的详细设计过程和样件实验研究过程。

MFE 透镜的折射率分布情况表示如下：

$$n_{\text{MFE}}(r) = \frac{2}{1 + (r/R)^2}, 0 \leqslant r \leqslant R \tag{4.1}$$

式中，(r/R) 为归一化的透镜半径。

如图 4.2 所示，透镜边缘入射的柱面波经过透镜内部传输后，能够聚焦于边缘对称位置的一个点上，这为交叉传输创造了基本条件。本案例中，MFE 透镜采用间距渐变的平行板波导加载均匀金属柱的方式构建。该结构可视为一系列周期性结构的组合，随着透镜内位置的不同，等效折射率也随之变化。每个周期单元可视为由一对平行金属板和一个方形金属柱构成。性能仿真过程可在 HFSS 软件中实现。

金属柱周期应满足远小于波长的要求，即 $p \ll \lambda$，金属柱宽度小于或等于周期的一半，即 $a \leqslant p/2$。为了能够支持导波模式，金属柱高度需要小于波长的 $1/4$，即 $h < \lambda/4$。针对本案例对应的设计波段 Ka，并综合考虑数控机械加工的难度，金属柱的尺寸参数确定为 $a = 0.5$ mm，$p = 1.2$ mm。高度 h 的确定需要基于透镜对等效折射率的要求。为了举例说明 h 与折射率的关系，图 4.3（a）给出了三种金属柱高度下（即 h 为 0.8 mm，1 mm 和 1.2 mm），

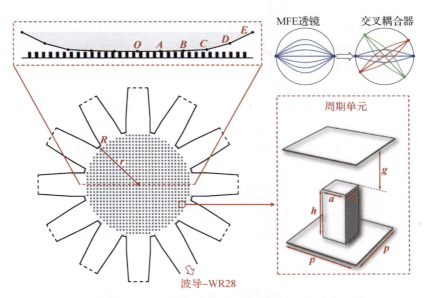

图 4.2　全金属 MFE 透镜交叉耦合器基本原理和结构示意

可实现的等效折射率曲线。观察三种不同金属柱高度情况下的结果，分别对应 g 为 0.15 mm、0.5 mm 和 1.6 mm。通过改变金属柱高度 h 和金属柱顶端与上板之间的间隙高度 g，就可以实现等效折射率的变化。但是相比于 g，h 过于敏感，不适合进行更为精确的折射率调控。因此，在本案例中，仅通过改变 g 来达到等效折射率调控的目的。此外，增加金属柱高度虽然更容易得到较大的等效折射率，但色散现象更明显，且影响带宽；而降低金属柱高度，虽然能够有效减小色散效应，但需要更小的间隙高度才能够得到同等的折射率。确定金属柱高度时需要权衡这两方面的影响。因此，以间隙高度不小于 0.1 mm 且色散在整个 Ka 波段内可接受为原则，将金属柱高度确定为 1 mm。

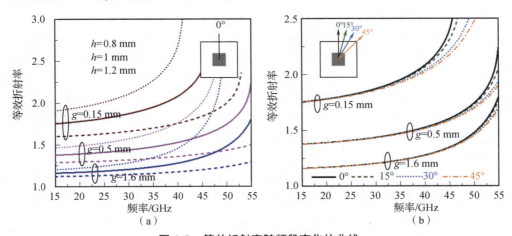

图 4.3　等效折射率随频段变化的曲线

(a) 不同 h 对应的等效折射率曲线；(b) 不同入射角度对应的等效折射率曲线

本案例中，希望该周期单元对应的折射率是各向同性的，即从各个角度入射均可以体现类似的等效折射率特性，那么交叉耦合器的设计至关重要。图 4.3（b）给出了不同入射角度对应的等效折射率曲线，此处 $a = 0.5$ mm，$h = 1$ mm，$p = 1.2$ mm。可以看出，当 $g = 1.6$ mm 时，等效折射率随入射角度的变化很微小；当 $g = 0.15$ mm 时，虽然折射率随入射角度的不同体现出更明显的差异，但在典型频率点，如 33 GHz 频率点，折射率仅从 1.91 变化至 1.89，几乎不影响器件的设计。基于以上分析，该设计方法得到的等效折射率能够与 MFE 透镜需求很好地匹配，从而支撑工作的进一步开展。

基于以上分析，将金属柱尺寸确定为 $a = 0.5$ mm，$h = 1$ mm，$p = 1.2$ mm，梯度折射率分布可通过将顶部金属板弯折成曲面状实现，如图 4.2 所示。本案例中，透镜半径 $R = 20$ mm。考虑到机械加工的可行性，为了尽量拟合 MFE 透镜的理想折射率分布，确定上板曲面轮廓的设计方法如下。

首先，O，A，B，C，D，E 六个点对应的半径分别确定为 $r_O = 0$ mm，$r_A = 4$ mm，$r_B = 8$ mm，$r_C = 12$ mm，$r_D = 16$ mm，$r_E = 20$ mm。

第二，根据下列公式确定 A，B，C，D 四个点对应的期望折射率。

$$n(r) = n_{\text{MFE}}(r), r = r_A, r_B, r_C, r_D \tag{4.2}$$

间隙高度 g_A，g_B，g_C，g_D 依据 33 GHz 对应的折射率与间隙高度之间的关系确定。结合电磁仿真结果，确定 g_A，g_B，g_C，g_D 分别为 0.15 mm，0.25 mm，0.5 mm，1.6 mm。

第三，令 g_O 与 g_A 相同，为 0.15 mm；令 g_E 与 WR28 矩形波导高度相同，为 3.556 mm。

第四，将 O，A，B，C，D，E 六个点以直线连接，便可以确定整个上板轮廓。

图 4.4（a）给出了所设计的透镜在不同入射角度时对应的等效折射率分布情况。在 33 GHz 频率点，除中心和边缘处存在一些较大偏差外，其他位置的等效折射率分布情况与 MFE 透镜的理想要求吻合得很好。为了观察更宽频带内的情况，还给出了 20 GHz，26 GHz，40 GHz，45 GHz 的等效折射率分布曲线。结果表明，随着频率变化至 Ka 波段外，色散现象明显。需要注意，在 45 GHz 频率点，曲线与 MFE 透镜理想分布之间的偏差较大，且在中心位置表现了很强的各向异性，不再满足本设计的要求。虽然本结构具有较宽的工作频带，但在工作频带边缘，尤其是在高频处，变化比较敏感，需要保证尺寸的精度或留出充足的设计余量。

为了进一步举例说明该准 MFE 透镜的具体性能，图 4.4（b）给出了透镜中 20 GHz，26 GHz，33 GHz，40 GHz，45 GHz 五个频率点的场分布仿真结果。该结果是在柱面波由不同入射角度从边缘馈入的条件下得到的。仅就图中结果分析可见，该透镜在 26 GHz 和 33 GHz 能够很好地支持点到点的汇聚成像，实现了 MFE 透镜的典型功能。在 40 GHz 焦点出现了向透镜内部的微小偏移。在 20 GHz 频率点，虽然仍可观察到聚焦现象，但焦斑的范围明显变差，汇聚能力减弱。在 45 GHz 频率点，散焦现象明显，已不具备 MFE 透镜的典型功能特点。

为了构建基于准 MFE 透镜的多通道交叉耦合器，添加了六对矩形波导作为馈源，如图 4.2 所示。本案例选取 WR28 标准波导作为输入、输出端口。每个馈源被设计成一段长 12 mm 的喇叭状波导，截面尺寸由 WR28 标准波导的 3.556 mm × 7.112 mm 变换为 3.556 mm × 9 mm。为了验证增加上述宽度变换带来的益处，对比两种情况下的 S 参数情况，如图 4.5 所示，该变换处理不仅可以优化整个频带内的阻抗匹配特性，还可以明显改善传输效率在频带内的稳定性。

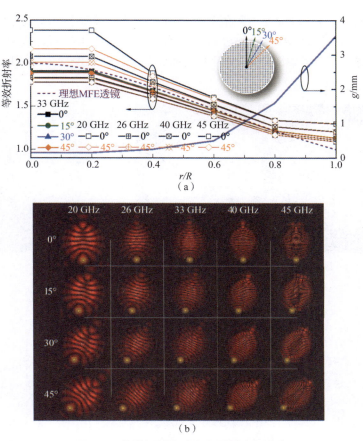

图 4.4　等效折射率分布和透镜内场分布
(a) 不同入射角度的透镜等效折射率分布；(b) 不同频率和不同入射角度的透镜内部场分布仿真结果

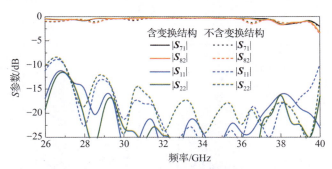

图 4.5　有无波导宽度变换结构条件下的 S 参数情况对比

制备 Ka 波段全金属 MFE 透镜六通道交叉耦合器的样件，如图 4.6 所示。利用矢量网络分析仪对典型端口的 S 参数进行测量，图 4.7 给出了传输系数、反射系数和相位差及通道间耦合系数的测试结果。考虑到器件结构的对称性，图 4.7 给出的曲线能够反映所有通道的特性。由图 4.7（a）可见，在 27.1～37.6 GHz 频段内，传输系数均优于 −1.1 dB，反射系数均低于 −15 dB。并且在 33 GHz 频率点，传输损耗仅为 0.3 dB，实现了很高的传输效率。此外，对两个不对称通道间的相位差进行观测，得到了工作频段内 3°～19° 的良好结果，与仿真结果吻合。图 4.7（b）给出了通道间的耦合情况。在工作频段内，测得的通道间耦合系

数均低于 −20 dB，具有很好的通道间隔离度。综合来看，本案例很好地验证了采用全金属 MFE 透镜构建多通道交叉传输器件的可行性。而且本方案的可扩展性非常好，器件复杂度对通道数量不敏感，不会因为通道需求量的增加而提升设计难度，为实际应用提供了十分具有吸引力的设计自由度。

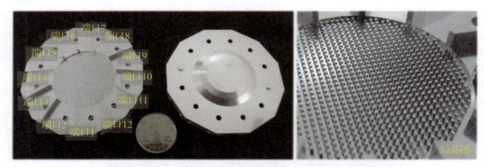

图 4.6　Ka 波段全金属 MFE 透镜六通道交叉耦合器样件

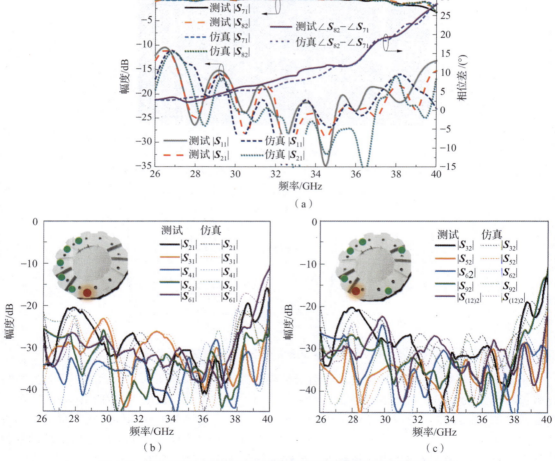

图 4.7　传输系数、反射系数和相位差及通道间耦合系数的测试结果
（a）两个不同通道的传输系数、反射系数和相位差；（b）与端口 1 相关的通道间耦合系数；
（c）与端口 2 相关的通道间耦合系数

4.3 全金属各向异性透镜

如何在不明显增加结构复杂度的前提下实现各向异性透镜，是接下来要继续探讨的问题。本节提出的透镜结构是由等间距的各向异性周期单元组成的，不同于各向同性周期单元，其内部所用的金属柱截面为长方形而不是正方形，如图 4.8 所示。其中，周期单元间距 p 为 1.3 mm，矩形金属柱的高度 h 均为 0.9 mm，尺寸参数 a 和 b 分别表示矩形金属柱的长和宽。各向异性周期单元等效折射率的控制可以采用两种方式：一是改变矩形金属柱的长 a 和宽 b；二是改变金属柱上表面与上层金属板下表面的间隙 g。为降低加工的复杂度和难度，将该各向异性透镜内部的所有矩形金属柱均设为相同尺寸，仅将上层金属板设计成沿径向的曲面轮廓结构以连续地改变间隙 g，从而实现梯度折射率分布。

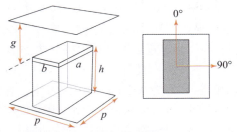

图 4.8　各向异性周期单元结构示意

为了更好地展示各向异性周期单元的设计过程，图 4.9 给出了当入射角度分别为 0°和 90°时，不同长度 a 对应的等效折射率曲线用以表示在整个 Ka 波段的色散特性，其中，$b = 0.5$ mm 且 $g = 0.2$ mm。由图 4.9 可以看出，当 $a = b = 0.5$ mm 时，等效折射率曲线与入射方向无关，这与各向同性周期单元的研究结果一致。当 a 从 0.5 mm 增大到 1.1 mm 时，0°和 90°入射角度对应的等效折射率的变化趋势恰好相反。对于 0°入射角度，增大长度 a 使等效折射率逐渐减小；对于 90°入射角度，则正好相反。因此，不同入射角度对应的等效折射率存在数值上的差异，这使得在同一透镜上构造不同的折射率分布成为可能，而所需梯度折射率的具体数值又可以通过改变间隙 g 来实现。

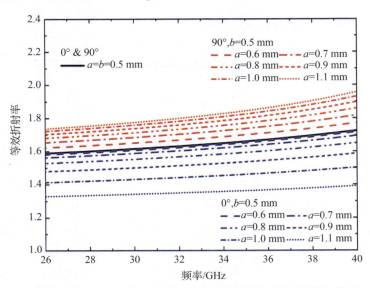

图 4.9　不同长度 a 对应的 0°和 90°两个入射角度的等效折射率曲线

对于间隙 $g = 0.2$ mm，当 $a = 1.05$ mm 且 $b = 0.5$ mm 时，周期单元在 33 GHz 频率点不同入射方向的等效折射率分别近似满足龙勃透镜与 MFE 透镜所需折射率的最大值。具体来说，0°入射角度的等效折射率为 1.41，而 90°入射角度的等效折射率为 1.81。因此，将各向异性透镜中心点处上层金属板与矩形金属柱的间隙设为 0.2 mm。

由于龙勃透镜与 MFE 透镜的折射率均从中心处的最大值沿径向减小到 1，因此，对于不同入射角度，研究不同间隙 g 对等效折射率的影响是非常重要的。如图 4.10（a）所示，当 g 从 0.1 mm 增大到 1.8 mm 时，0°入射方向的等效折射率从 1.60 减小到 1.10，覆盖了龙勃透镜所需折射率的取值范围（$1 < n < \sqrt{2}$）。随着 g 增大，图 4.10（b）所示的仿真结果则表明 90°入射角度的等效折射率从 2.25 减小到 1.10，基本满足 MFE 透镜所需折射率的取值范围（$1 < n < 2$）。此外，图 4.10（c）还给出了 0°~90°入射角度对应的所有等效折射率曲线，其中间隙 g 均为 0.2 mm。可以看出，在整个 Ka 波段，15°和 30°入射角度的等效折射率与 0°入射角度的结果相近，而 75°和 90°两个入射角度的等效折射率相近。这种数值的相似性，为后续多波束辐射–多通道传输功能复合的整体布局方案设计提供了参考。

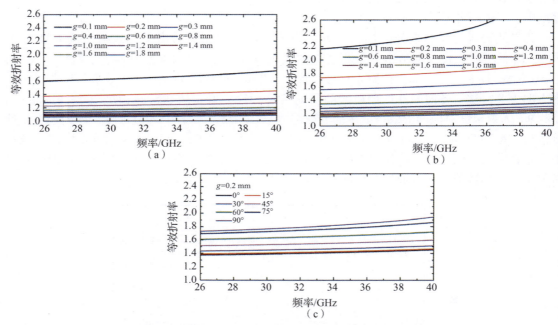

图 4.10　不同间隙 g 和不同入射角度对应的等效折射率

（a）0°入射角度时不同间隙对应的等效折射率；（b）90°入射角度时不同间隙对应的等效折射率；
（c）$g = 0.2$ mm 时不同入射角度对应的等效折射率

各向异性透镜是将上述的周期单元结构进行二维阵列化扩展，并将间隙 g 沿径向进行均匀变化得到的，如图 4.11 所示。矩形金属柱仅排布在下层金属板上，而上层金属板的形状是从中心向边缘沿径向弯曲的。在 $y-z$ 平面，对于 $\theta = 0°$ 和 $\theta = 90°$ 两个入射角度（对应于 $+z$ 方向和 $+y$ 方向），要求该透镜分别具有近似龙勃透镜和 MFE 透镜的折射率分布。

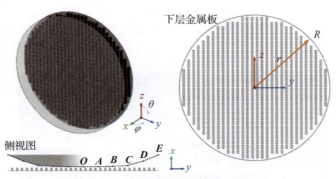

图 4.11　各向异性透镜结构示意

该透镜的半径为 20 mm，将其中心工作频率设为 33 GHz。上层金属板的曲面轮廓设计过程如下。首先，沿着透镜的径向方向选取距离中心点 O 分别为 4 mm，8 mm，12 mm，16 mm 和 20 mm 的点 A，B，C，D 和 E；然后，将这些点与其下方矩形金属柱上表面的间距分别设为 $g_O = 0.2$ mm，$g_A = 0.2$ mm，$g_B = 0.3$ mm，$g_C = 0.6$ mm，$g_D = 1.8$ mm，$g_E = 3.56$ mm，其中将 g_E 设为与 WR28 标准矩形波导的窄边高度相同以简化馈电结构；最后，根据上述尺寸参数，分析该透镜对于不同入射方向的等效折射率分布情况，并与理想龙勃透镜、理想 MFE 透镜进行对比，如图 4.12 所示。当入射角度在 0° 和 90° 附近时，尽管仿真结果与理想的折射率分布函数之间存在一些差异，但这些曲线的变化趋势基本吻合，这表明该透镜具有在 Ka 波段内将辐射和传输两种功能进行复合的潜力。

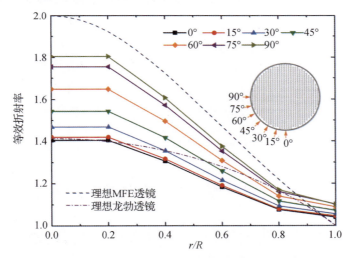

图 4.12　各向异性透镜不同入射角度对应的等效折射率分布情况

为了更直观地体现各向异性透镜的辐射-传输特性，图 4.13 给出了 33 GHz 频率点的柱面波馈源沿平行板边缘移动（改变电磁波的入射角度）时，透镜内部的电场分布情况。需要注意，为减小由于平行板边缘的不连续性带来的能量反射，透镜的外围增加了一段长度 l 为 10 mm、口径高度 d 为 9.56 mm 的渐变张角结构，如图 4.14 所示。作为对照，图 4.13 最后一格给出了无金属柱加载的平行板波导电场分布情况。可以看出，当从 0° 方向馈电时，该透镜将柱面波很好地转换成了平面波；当从 90° 方向馈电时，柱面波经过透镜近似地聚焦到关于中心对称的另一端。此外,在 0°附近的 15°和 30°角度馈电时,该透镜仍可在一定程度上将柱面波转换成平面波;而在接近 90°的 75°角度馈电时,则更多地表现为透镜边缘上点到点的聚焦现象。

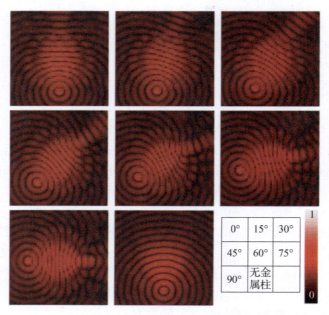

图 4.13　不同馈电角度对应的各向异性透镜内部电场分布

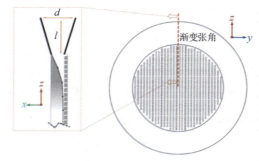

图 4.14　渐变张角的过渡段结构示意

4.4　多波束辐射 – 多通道传输复合设计

对于各向异性透镜,通过矩形波导进行馈电并沿透镜的边缘连续改变馈电点位置,可以定量地分析透镜的辐射 – 传输性能(见图 4.15),并探讨其在功能复合器件中的设计方案,其具体研究过程如下。

第一,当采用单个馈电波导对透镜进行馈电时,其整体可以视为向自由空间辐射电磁波的天线。图 4.15(a)给出了不同馈电角度的天线增益在整个 Ka 波段的仿真结果。可以看出,0°和 15°的馈电角度对应的天线增益非常接近,而当馈电角度增大为 30°时,33 GHz 中心频率点的天线增益降低了 1.1 dB。此外,随着馈电角度的进一步增大,天线增益降低得更加明显,甚至超过了 2 dB。因此,相比于理想的龙勃透镜天线,基于各向异性透镜的天线可以在 -30°~+30°范围内获得具有良好方向性的波束,且在此角度范围内,天线增益在整个频段内的衰减及扫描时的增益损耗都较小。

第二,如果在关于透镜中心对称的两点分别放置馈电波导,此时各向异性透镜可视为一个传输电磁波的器件(或传输线)。图 4.15(b)给出了不同馈电角度对应的插入损耗仿真结果。当馈电角度从 0°增大到 90°时,插入损耗逐渐减小。具体来说,在 33 GHz 频率点,75°和 90°的馈电角度对应的插入损耗的最小值达到约 1 dB,但对于其他较小的馈电角度,插入损耗明显恶化。需要注意,在接近 40 GHz 频率点时,75°和 90°馈电角度对应的插入损耗略有增大,这是由于透镜所用的各向异性周期单元在高频段的色散效应增大,导致这两个入射角度的等效折射率分布与理想 MFE 透镜存在差距。总体来说,当馈电角度在 75°~105°范围内时,该透镜结构可实现良好的电磁波传输性能。

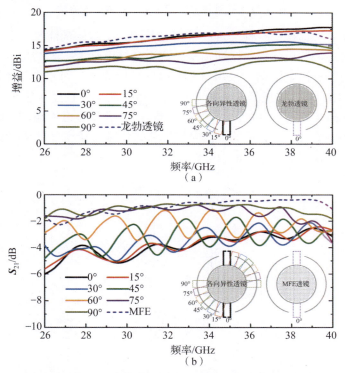

图 4.15 不同馈电角度对应的辐射 - 传输性能仿真结果
(a)辐射性能;(b)传输性能

图 4.16 分别给出了上下两层金属板的间隙增大 0.02 mm(记作 +0.02 mm)和减小 0.02 mm(记作 -0.02 mm)时,各向异性透镜从 0°和 90°两个角度馈电的辐射—传输性能仿真结果,用来描述尺寸误差对辐射—传输性能的影响。对于从 90°馈电的传输通道,间隙误差主要影响 Ka 波段内低频和高频的插入损耗。具体表现为 +0.02 mm 使插入损耗在高频处更小,而在低频处增大; -0.02 mm 的插入损耗变化趋势则恰好相反。此外,对于从 0°馈电的辐射功能,间隙误差对天线增益几乎没有影响。上述结果说明本节提出的各向异性透镜对于生产过程中产生的尺寸误差并不敏感,保证了辐射 - 传输功能的稳定性。

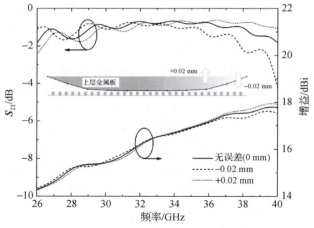

图 4.16　尺寸误差对辐射-传输性能的影响

基于上述各向异性透镜的特性实现一种新型且结构紧凑的功能复合器件的设计，通过共用一个透镜分别实现多波束辐射与多通道交叉耦合传输的性能，其结构示意如图 4.17 所示。该功能复合器件的所有馈电结构均采用 WR28 标准矩形波导。对于多波束辐射，4 个馈电波导（天线端口 1~端口 4）实现了 4 个指向不同的独立波束，且这 4 个天线端口在透镜上对应的馈电角度分别为 +33°、+11°、−11° 和 −33°；对于多通道传输，2 对馈电波导（端口 5—端口 7、端口 6—端口 8）实现了 2 个内部交叉的传输路径，且这 4 个传输端口在透镜上的位置分别对应馈电角度为 ±75° 和 ±105°。

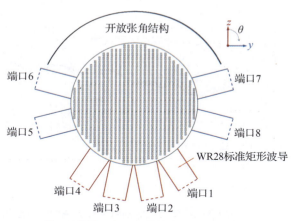

图 4.17　功能复合器件的结构示意

图 4.18 直观地给出了当天线端口和传输端口被单独激励时，该功能复合器件内部的电场分布情况。对天线端口 1 和端口 2 馈电，即多波束辐射，电磁波在口径面处获得了近似平面波的等相位面并向自由空间辐射；对传输端口 5 和端口 6 馈电，即多通道传输，电磁波从输入端口很好地聚焦到关于中心点对称的输出端口，实现了能量传输。而且除多通道交叉传输的输出端口 7 和端口 8 外，当上述 4 个端口被分别激励时，其他相邻和非相邻端口的电场幅度均较小，显示了端口间良好的隔离效果，这也表明了多波束辐射与多通道传输之间具有一定的独立性。

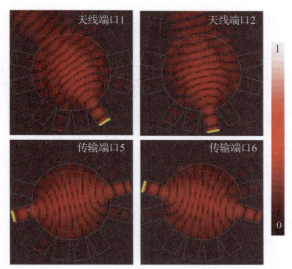

图 4.18 单独激励端口 1、端口 2、端口 5、端口 6 时功能复合器件对应的分布电场情况

4.5 样件案例

本节提出的多波束辐射 – 多通道传输功能复合器件（以下简称辐射 – 传输复合器件）具有全金属的结构特征，可以采用高精度的数控机床进行加工并进行后期组装，其实物样件如图 4.19 所示。接下来将详细讨论该功能复合器件在整个 Ka 波段内的电磁性能测试结果，并与仿真数据进行对比。

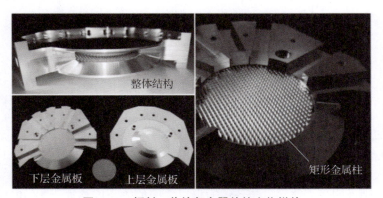

图 4.19 辐射 – 传输复合器件的实物样件

首先给出辐射 – 传输复合器件各个端口的 S 参数测试结果。

图 4.20 给出了传输端口（端口 5 ~ 端口 8）的回波损耗和插入损耗仿真与测试结果。在 28.7 ~ 38.2 GHz 频段范围内，4 个传输端口的回波损耗均大于 15 dB，且 2 个交叉通道的插入损耗（对应 $|S_{75}|$ 和 $|S_{86}|$）均小于 1.9 dB。而且除 36.4 GHz 频率点外，插入损耗均低于 1.4 dB。测试结果表明，该功能复合器件可用于有效交叉耦合传输的工作带宽约为 28%。

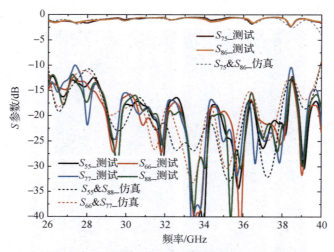

图 4.20 传输端口的 S 参数随频率变化的曲线

图 4.21 给出了天线端口（端口 1～端口 4）的回波损耗仿真和测试结果。可以看出，所有的反射系数均小于 -10 dB，这说明该功能复合器件获得了宽频带的阻抗匹配性能。尽管加工误差导致测试与仿真结果之间存在一些差异，但这些曲线在整体上随频率变化的趋势和取值范围基本相同，这也从侧面表明该辐射-传输复合器件性能具有良好的可实现性。

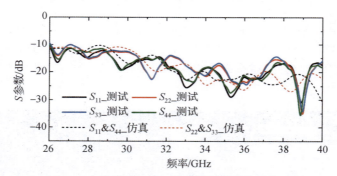

图 4.21 天线端口的 S 参数随频率变化的曲线

对于多端口的器件，其各个端口间的内部耦合情况反映了隔离度的优劣，这也是需要关注和量化评估的。如图 4.22（a）所示，由 S 参数与隔离度的符号关系可知，在整个 Ka 波段内，4 个天线端口之间的隔离度均大于 15 dB；如图 4.22（b）所示，除了 36.5 GHz 外，两个通道的输入端口（或输出端口）之间的隔离度大于 15 dB；图 4.22（c）和图 4.22（d）所示的测试结果则说明各天线端口与各传输端口之间的隔离度均大于 18 dB，其中，更接近 0°入射角度的天线端口 2 与其他传输端口间的隔离度更是达到了 20 dB 以上。

下面给出该功能复合器件的多波束辐射特性结果。图 4.23 给出了当工作频率分别为 27 GHz、30 GHz、33 GHz、36 GHz 和 39 GHz 时，激励天线端口 1～端口 4 对应的 H 面（y-z 平面）辐射归一化方向图，而表 4.1 则给出了每个工作频率在不同端口激励下的主波束指向和半功率波束宽度。可以看出，该功能复合器件在整个 Ka 波段内实现了典型的多波束辐射。由于辐射-传输复合器件的结构本身具有关于 x-z 平面的对称性，因此端口 1 与端口 4、端口 2 与端口 3 的实测结果非常接近，且它们的归一化方向图形状几乎是镜像对

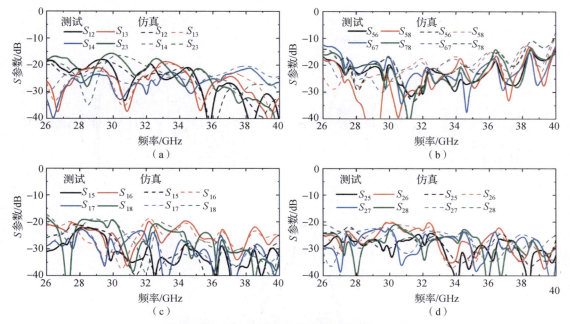

图 4.22 辐射-传输复合器件各端口间的隔离度
(a) 各天线端口间的隔离度；(b) 各传输端口间的隔离度；
(c) 天线端口 1 与各传输端口间的隔离度；(d) 天线端口 2 与各传输端口间的隔离度

称的。但该透镜所用各向异性周期单元的色散特性导致不同频率下的波束指向不完全相同。例如，当频率从 27 GHz 增大到 39 GHz 时，天线端口 1 对应的波束指向从 -43.5°偏转到 -47.0°，差异约为 4.5°。此外，所有的归一化方向图均获得了低于 -30 dB 的交叉极化电平，且副瓣电平基本保持在 -10 dB。

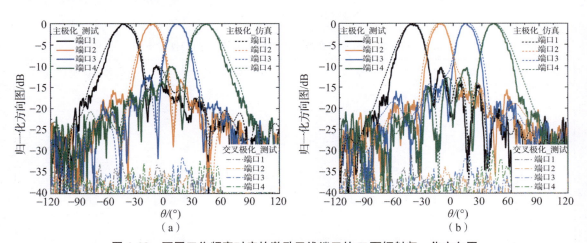

图 4.23 不同工作频率对应的激励天线端口的 H 面辐射归一化方向图
(a) 27 GHz 对应的归一化方向图；(b) 30 GHz 对应的归一化方向图

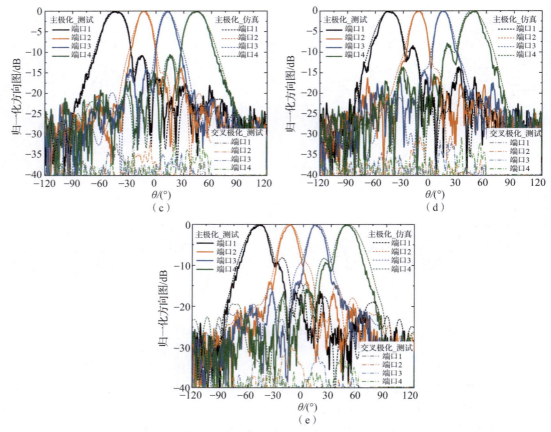

图 4.23 不同工作频率对应的激励天线端口的 H 面辐射归一化方向图（续）

(c) 33 GHz 对应的归一化方向图；(d) 36 GHz 对应的归一化方向图；
(e) 39 GHz 对应的归一化方向图

表 4.1 不同频率和不同馈电端口对应的 H 面方向图性能指标

工作频率/GHz	馈电端口	主波束指向/(°)	半功率波束宽度/(°)
27	端口 1	−43.5	25.0
	端口 2	−11.5	18.5
	端口 3	+12.5	19.0
	端口 4	+44.0	25.0
30	端口 1	−42.5	20.5
	端口 2	−14.5	18.0
	端口 3	+13.5	17.5
	端口 4	+42.0	20.0

续表

工作频率/GHz	馈电端口	主波束指向/(°)	半功率波束宽度/(°)
33	端口 1	−44.0	24.0
	端口 2	−13.5	15.0
	端口 3	+12.5	14.0
	端口 4	+43.5	22.5
36	端口 1	−46.0	20.5
	端口 2	−12.5	15.0
	端口 3	+13.5	15.0
	端口 4	+46.0	19.5
39	端口 1	−47.0	21.0
	端口 2	−14.0	15.5
	端口 3	+13.5	15.5
	端口 4	+47.5	20.0

图 4.24 进一步给出了当天线端口 2 被激励时,在 27~39 GHz 频段内的 E 面辐射归一化方向图。可以看出,该功能复合器件辐射的是 E 面宽、H 面窄的扇形波束,且 E 面的波束宽度随频率升高而减小。总体来说,该功能复合器件归一化方向图的仿真与测试结果吻合得较好。

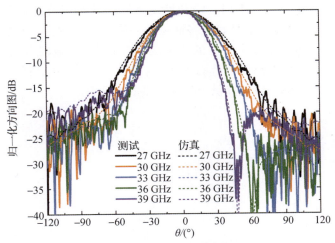

图 4.24 天线端口 2 对应的 E 面辐射归一化方向图

辐射-传输复合器件的天线增益、口径效率及辐射效率的设计结果如图 4.25 所示。在工作频段内,天线端口 1 对应的天线增益在 12.5~14.9 dBi 之间,且口径效率在 38.1%~50.0% 范围内;而天线端口 2 对应的天线增益在 13.8~16.5 dBi 之间,计算得到的口径效率在49.1%~67.0%范围内。此外，在工作频段内，仿真辐射效率的最小值和最大值分别为87.8%和90.5%，这体现了空气填充各向异性周期单元在低损耗毫米波多功能器件设计中的适用性。

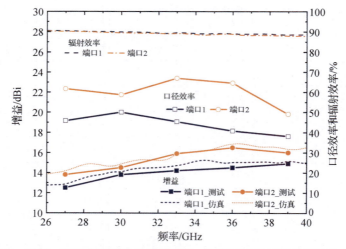

图 4.25 辐射－传输复合器件的天线增益、口径效率及辐射效率的设计结果

4.6 小　　结

本章主要介绍了一种基于全金属透镜的毫米波辐射－传输复合器件，其内部所用的周期单元是各向异性的。通过控制上层金属板与金属柱的空气间隙，从0°和90°两个入射角度看去，该功能复合器件分别表现为近似龙勃透镜和MFE透镜的性能，因而形成了一种各向异性透镜。当馈电方向从0°附近入射时，该功能复合器件具有多波束辐射性能；当馈电方向从90°附近入射时，该功能复合器件具有多通道交叉耦合传输性能。最终实现的2个交叉耦合传输通道工作带宽约28%，4个独立的扇形波束在整个Ka波段获得了约88%的辐射效率。本章的案例是全金属梯度折射率透镜在高效率多波束天线功能拓展方面的一次尝试，为毫米波多波束系统实现功能一体化提供了技术探索的可选方向。

第 5 章
毫米波全金属透镜多波束天线的极化域拓展

对于高性能毫米波通信应用，除多波束特性外，还需要考虑波束覆盖范围内的多极化共口径需求。全金属透镜虽然具有不依赖介质材料的天然优点，但也体现出多极化调控难的劣势。前文给出的全金属透镜案例均基于平行板波导传输结构，在平行板波导传输结构中，满足传输条件的不同极化波对应不同的模式，如 TEM 模式、TE 模式、TM 模式等。单一的等效折射率调控方法（如采用周期性金属柱）仅可以针对一种模式，即只对一种线极化奏效。对于多种正交极化波的同时调控需求，全金属透镜面临新的挑战。

本章内容聚焦毫米波全金属透镜多波束天线的极化域拓展，选取具有代表性的案例，介绍如何解决毫米波多波束扫描龙勃透镜天线的双极化覆盖问题。本章针对龙勃透镜设计了两种电场极化正交的导行波模式。关键是设计支持两种导行波模式的结构，使其满足两个条件：一个是两种模式电场极化正交；另一个是可以在同一结构内独立控制两种模式相速度的增减。案例中给出一种独立控制两种电场极化正交导行波模式等效折射率的周期性单元，然后基于该周期性单元设计一种兼容两种极化的龙勃透镜。通过控制不同的结构参数来独立实现两种模式的梯度等效折射率分布，进而支持具有多波束特性的共孔径双极化龙勃透镜天线。此外，通过为该龙勃透镜设计适当的馈电结构，有望实现具有一定带宽的圆极化辐射性能。

5.1 金属龙勃透镜模式复合双极化调控方法

5.1.1 总体思路

从模式协同控制的基本思想入手，通过增加导行波模式的方法，实现双极化共口径的龙勃透镜天线设计。其基本原理是在同一个结构内设计两种电场矢量互相正交的导行波模式，在透镜的辐射界面处，两种导行波转换为自由空间 TEM 模式电磁波，极化与对应导行波相同，彼此正交。在透镜内部，对导行波的传输结构进行设计，调整两种模式对应的各区域相位常数或相对等效折射率，拟合出类似龙勃透镜的折射率分布。通过以上对辐射口径场分布和透镜内部等效折射率分布的考虑，即可实现同时支持两种电场正交极化的金属龙勃透镜设计。图 5.1 所示为金属龙勃透镜的双极化协同原理示意。本章将介绍如何在基于全金属平行板波导的透镜结构中，将两种电场正交极化模式的调控结构融合为一体，通过分析不同结构参数对不同模式的调控敏感度差异，实现结构参数与非对应模式的解耦。通过对关键结构参数的协同控制，实现两个电场正交极化模式的独立通道，并使对应两种模式的等效折射率满足龙勃透镜折射率梯度分布规律，从而最终支持双极化龙勃透镜天线的构建。

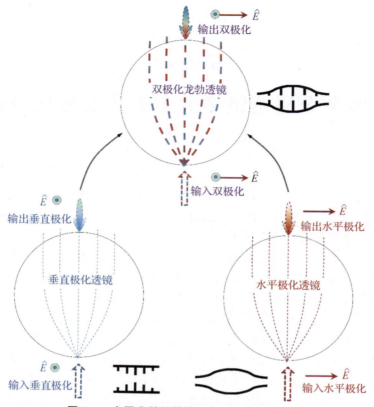

图 5.1　金属龙勃透镜的双极化协同原理示意

5.1.2　双模双极化调控周期结构单元

双极化龙勃透镜所需的等效折射率分布是通过可支持双极化工作的金属周期结构单元实现的。本章案例提出的双极化龙勃透镜天线的结构基于加载了周期结构的平行金属板，具体表现形式是间距渐变的金属板表面添加了不同高度的金属柱。用于金属双极化龙勃透镜的周期结构单元如图 5.2 所示。参数 a、b、d、h 分别表示金属柱的直径、单元周期、上下金属板之间的距离、金属柱的高度。周期结构单元可采取正方形、六边形等晶格形式排布。由于龙勃透镜本身为圆形，因此适合采用六边形晶格排布。

第 3 章介绍的典型波导馈电金属龙勃透镜仅支持一种极化的对应折射率分布。本章给出的周期结构单元同时支持两种模式的相对折射率的独立控制。第 3 章介绍的龙勃透镜，通过控制加载金属柱的平行板波导中的 TM 模式来实现对垂直极化（极化垂直于平行板表面）模式相速度的调整；对于平行板波导中的 TE 模式（极化平行于平行板表面），可通过控制金属板间距来实现对相速度的调整。两种极化的调控需要不同结构的尺寸变化，因此，如何使两种尺寸变化良好兼容于同一空间很关键。而有时单一结构的尺寸变化，对两种极化模式的相位常数影响是矛盾的。例如，

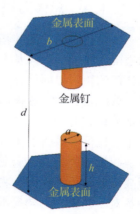

图 5.2　用于金属双极化龙勃透镜的周期结构单元

加载周期金属柱的平行板波导中，一种有效的增大 TM 模式相位常数的方法是减小上下金属板间距；而对于 TE 模式，在满足传输条件（即未进入截止频段内）的情况下，减小板间距，则会相应减小相位常数。因此，单独通过调整板间距，难以实现两种极化的同步独立调控。经研究发现，对于 TM 模式，除板间距这一参数外，金属柱高度也是影响相位常数的关键参数。并且，因金属柱高度相对于板间距较小，在调控 TM 模式相位常数时，对 TE 模式影响不明显，这为双极化模式的协同控制提供了可能。

具体来说，支持双极化模式传输和参数调控的空气填充等效媒质可由加载金属柱的平行板构成。水平极化（horizontal polarization，又称 H 极化）对应的模式是平行板波导中的 TE 模式，是一种快波模式；垂直极化（vertical polarization，又称 V 极化）对应的模式是金属柱加载金属板表面的 TM 模式，是一种慢波模式。在其他尺寸参数确定的情况下，TE 模式的相位常数（直接对应等效折射率 n_{eff}）主要由双板间距 d 决定，TM 模式的相位常数主要由金属柱高度 h 决定，具体关系如下：

$$n_{\text{eff,TE}} = \frac{\sqrt{k^2 - (\pi/d)^2}}{k} \tag{5.1}$$

$$n_{\text{eff,TM}} = \sqrt{1 + (W\tan(kh))^2} \tag{5.2}$$

式中，W 为金属周期结构的占空比；k 为空气中的相位常数。

为了支持水平极化，需要采用 TE 模式，因此，龙勃透镜基本结构设计为存在顶盖的双金属板，垂直极化的模式也基于此基本结构进行选择。此处选取表面波 TM 模式，该模式可由加载于平行板内部的周期性金属柱阵列支持。表面波模式的特点是随着与下方金属板上的周期结构表面距离的增大，电磁场幅值指数减小。若在距离该表面较远处放置金属板，由于此处的电磁场经过指数衰减已经非常微弱，因此表面波产生的切向电场近乎为零。而金属板作为边界条件，其主要作用之一是将该处切向电场强制置零，在此情况下，上方金属板对该表面波模式场的扰动极小，可忽略其影响。同时，在实际的双极化龙勃透镜中，TE 模式不能截止，这要求上下金属板间距必须大于半波长。这个间距约束给兼容表面波 TM 模式提供了条件。因此，本设计同时将周期性金属柱引入上下金属板结构中，即在上下金属板表面构造了两组表面波 TM 模式通道。由于馈电矩形波导的 TE_{10} 模式场在 E 面上是均匀的，这种馈电方法将垂直极化能量分为上下两个 TM 模式通道的两部分。两种模式的选择确保了水平和垂直两种极化可以在共口径龙勃透镜天线中兼容。

在该设计中，透镜的上下金属板之间的距离 d 是改变 TE 模式等效折射率的主要尺寸参数。TE 模式在间距接近半波长的平行板波导中传播，工作在近截止区域。在这种情况下，TE 模式的相速度对板间距的变化非常敏感，由周期结构支持的 TM 模式的等效折射率对板间距的变化不敏感。因此，以上特点为对应 TE 模式的等效折射率独立调控提供了便利。金属柱的高度 h 是改变 TM 模式等效折射率的主要尺寸参数。因为柱子的径向与水平极化电场垂直，并且柱子处在 TE 模式电场最弱的位置，所以其高度的小范围变化对 TE 模式的影响可以忽略，这同时为对应 TM 模式的等效折射率独立调控提供了便利。

有无金属柱结构对水平、垂直两种模式的影响如图 5.3 所示。可以观察到，垂直极化的平行板 TEM 模式可激励上下两路 TM 模式，其垂直方向场聚集在金属柱与空气的交界面上，类似表面波的特点。水平极化的平行板 TE 模式在有金属柱的平行板结构中可依然按照 TE 模式传播，模式结构没有明显变化。

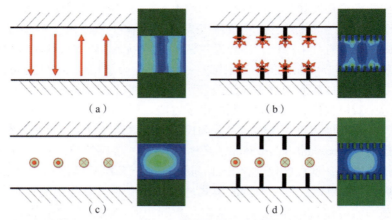

图 5.3　垂直极化模式、水平极化模式在平行板波导与二维周期结构波导中的场分布对比

(a) 平行板波导垂直极化 TM_0（TEM）模式（$v_p = c$）；
(b) 加载周期性金属柱后的垂直极化 TM 模式（$v_p < c$）；
(c) 平行板波导水平极化 TE_1 模式（$v_p > c$）；
(d) 加载周期性金属柱后的平行板波导水平极化 TE 模式（$v_p > c$）

图 5.4 给出了 TM 模式和 TE 模式在上下板间距和金属钉高度均变化的条件下相对波速热图。可以看出，TM 模式和 TE 模式都有明显的梯度变化规律，说明两种模式相对波速的变化与各自对应的尺寸参数变化具有高度相关性，而与另一种模式的尺寸参数变化相关性很低。图 5.4 中采用相对波速作为参照，等效折射率 n_{eff} 和相速度 v_p 之间的关系如下：

$$n_{eff} = \frac{c}{v_p} \tag{5.3}$$

式中，c 是真空电磁波的速度。

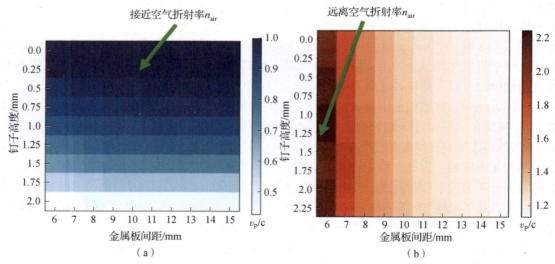

图 5.4　不同板间距和金属钉高度条件下 TM 模式与 TE 模式的相对波速热图
(a) TM 模式；(b) TE 模式

5.1.3 极化独立的梯度折射率分布

使用双模式周期结构拟合双极化的等效折射率分布，可以实现双极化龙勃透镜。本案例中实现的典型频率点等效折射率分布如图 5.5 所示。观察点从龙勃透镜的中心向边缘移动，等效折射率逐渐下降，在 30 GHz 频率点最接近龙勃透镜理想折射率分布。随着频率从 28 GHz 频率点增加到 32 GHz 频率点，TE 模式等效折射率逐渐减小，TM 模式等效折射率逐渐增加。在 28～32 GHz 频段内，TE 模式的等效折射率变化幅度大于 TM 模式，说明 TE 模式的色散更强，这意味着对应水平极化的透镜有效工作带宽较小。相应的部分结构参数值见表 5.1。其中，D 表示具有相同周期单元尺寸的透镜环区域的直径，d 表示金属板之间的距离，h 表示周期金属柱的高度。其余未列出的参数值：金属柱的直径 a 为 0.5 mm，单元间距 b 为 1.3 mm。

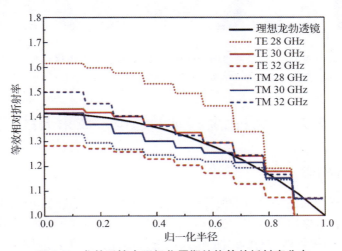

图 5.5 龙勃透镜中双极化周期结构等效折射率分布

表 5.1 毫米波金属双极化龙勃透镜天线透镜部分结构参数值

环编号	1	2	3	4	5	6	7	8	9
D/mm	7.2	12.4	17.6	22.8	28.0	33.2	38.4	43.6	48.8
d/mm	15.5	14.5	13.5	12	11	10	9	8	7
h/mm	1.2	1.15	1.1	1.05	1	0.9	0.75	0.4	0.1

当双极化龙勃透镜天线在 TM 模式（垂直极化）和 TE 模式（水平极化）下工作时，内部电场分布如图 5.6 所示。两种模式的内部电场都可以从馈电口附近的柱面波转换为辐射口径边缘的平面波，实现了龙勃透镜的功能效果。在透镜内部，TE 模式的电场集中在结构的对称面上，而 TM 模式的电场则集中在金属柱的顶部界面上，图 5.6 所示的电场采样位置在透镜结构的对称平面上，因此，TE 模式看起来比 TM 模式更强。从图 5.4 可以看出，TM 模式相对相速度小于 1，体现出慢波特点；TE 模式相对相速度大于 1，体现出快波特点。与此对应，图 5.6 给出的电场图中，透镜范围内 TE 模式的波导波长较长，TM 模式的波导波长较短。

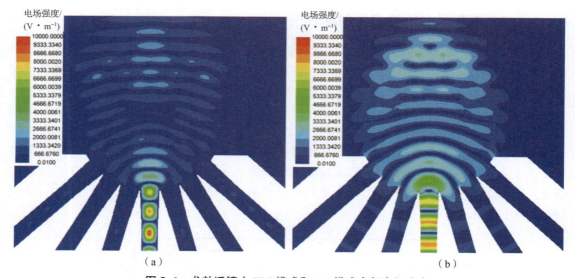

图 5.6 龙勃透镜中 TM 模式和 TE 模式内部电场分布
(a) 龙勃透镜中 TM 模式电场分布；(b) 龙勃透镜中 TE 模式电场分布

5.2 双极化金属龙勃透镜多波束天线

5.2.1 天线构成

龙勃透镜的双极化馈电需要考虑波导模式与透镜中正交模式的匹配问题。相比于振子天线辐射馈电或同轴探针馈电等方式，正方形波导中的 TE_{10} 模式和 TE_{01} 模式更容易与本案例中双极化龙勃透镜采用的 TM 模式和 TE 模式耦合。因此，该龙勃透镜使用基于正方形波导的正交模耦合器（ortho-mode transducer，OMT）作为馈电结构，该 OMT 包含一个水平（H）极化输入端口、一个垂直（V）极化输入端口和一个双极化输出端口。最终设计的龙勃透镜天线由上文所述的双极化金属透镜和馈电 OMT 组成。透镜天线同时支持水平和垂直极化波束，并且两个极化波独立馈电。双极化龙勃透镜天线的整体结构如图 5.7 所示。馈电端口编号从左到右分别标记为 1~7，水平极化和垂直极化分别用 H 极化和 V 极化表示。例如，H4 端口表示指向 0°方向辐射的 H 极化端口。后文中未提及馈电端口的仿真和测试数据均指 0°方向辐射的 4 号端口数据。完整的双极化龙勃透镜由 9 个阶梯环（最中心环实际为圆盘）组成，分别布置支持 TM 模式和 TE 模式的可变折射率周期结构单元，从而为龙勃透镜的两个极化方式分别构造梯度折射率分布。阶梯环编号从中心到边缘分别标记为 1~9。不同环之间的尺寸差异为上下板之间的距离和金属柱的高度。由于 TM 模式为表面波，波的主要能量有"爬行"的特点，为防止 TM 模式电流沿透镜边缘流动并干扰辐射方向图，透镜外圈的金属壁上设计有 1/4 波长深度的扼流槽。馈电部分设计为环绕透镜的 7 组 OMT，所有 OMT 都直接与双极化龙勃透镜的边缘连接。OMT 的端口性能仿真结果如图 5.8 所示。两种极化的输入和输出端口的传输损耗小于 0.2 dB，反射系数小于 -15 dB，端口的交叉极化隔离度均在 35 dB 以上。本设计中的 OMT 和透镜部分可一体成形制备。

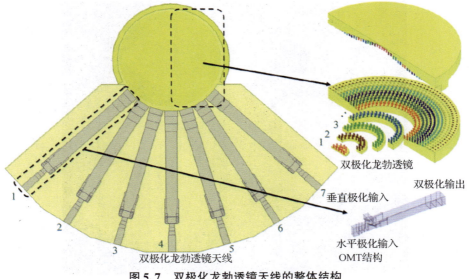

图 5.7 双极化龙勃透镜天线的整体结构

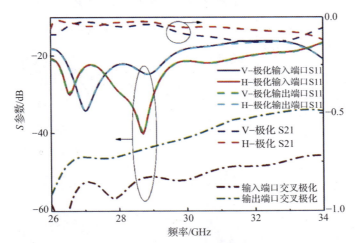

图 5.8 OMT 的端口性能仿真结果

5.2.2 双极化样件案例

5.2.2.1 双极化龙勃透镜天线端口性能

双极化龙勃透镜天线最终通过商用机械加工工艺实现。图 5.9 所示为双极化龙勃透镜天线的加工实物。天线由圆形金属透镜和多波束馈电 OMT 组成。通过切换端口，对应水平极化和垂直极化，都可产生 0°，±16°，±32°和 ±48°的波束。在实际应用中，馈口还可以设计为滑动形式以实现双极化波束的一维连续扫描。

双极化龙勃透镜天线的端口性能主要包括单端口阻抗匹配性能、相同极化端口之间的隔离性能及不同极化端口之间的隔离性能三类指标。该双极化龙勃透镜天线有 7 组，共 14 个馈电端口。由于结构对称，因此，仅在以下结果中给出编号为 1~4 的端口性能。图 5.10 给出了双极化龙勃透镜天线所有端口的阻抗匹配性能，测试结果与仿真结果吻合良好。在 28~32 GHz 频段内，反射系数均小于 −10 dB，可以满足一般的应用要求。

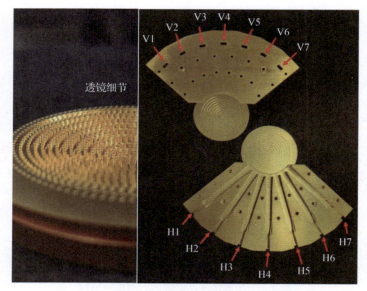

图 5.9 双极化龙勃透镜天线的加工实物

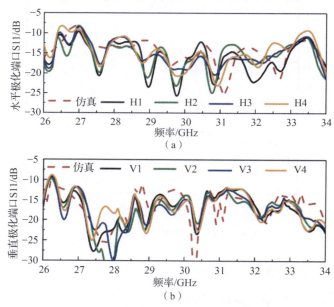

图 5.10 双极化龙勃透镜天线所有端口的阻抗匹配性能
(a) 水平极化端口的阻抗匹配性能；(b) 垂直极化端口的阻抗匹配性能

  图 5.11（a）~图 5.11（c）给出了双极化龙勃透镜天线 7 个 H 极化端口之间的隔离性能。根据对称性和互易性定理，图中使用了尽可能少的曲线来展示各种端口组合的相互耦合。图 5.11（a）给出的互耦数据包括端口 1 与端口 2~端口 7 之间的互耦数据。根据对称性可知，端口 1 与端口 6 的组合和端口 2 与端口 7 的组合相同，故图 5.11（b）给出的数据不包括端口 2 与端口 7 的组合。同理，图 5.11（c）中只给出了端口 3 与端口 4、端口 5 的互耦数据。所有 7 个端口中的测试数据和仿真数据吻合良好，并且 H 极化端口之间的隔离度高于 10 dB。图 5.11（d）~图 5.11（f）给出了双极化龙勃透镜天线的 7 个 V 极化端口之

间的隔离性能。测试数据与仿真数据吻合良好，并且 V 极化端口之间的隔离度高于 15 dB。H 极化和 V 极化之间的性能差异原因与两种极化模式的特性有关。图 5.6 所示的馈电波导中的电场分布表明，矩形波导的 TE10 模式具有 E 面振幅分布均匀且分布集中在 H 面中心线上的特征。由 H 极化馈送的一部分 TE 模式波沿着金属壁绕射到其他相邻的同极化端口。因此，当 H 极化馈电时，相邻波导的互耦更大。

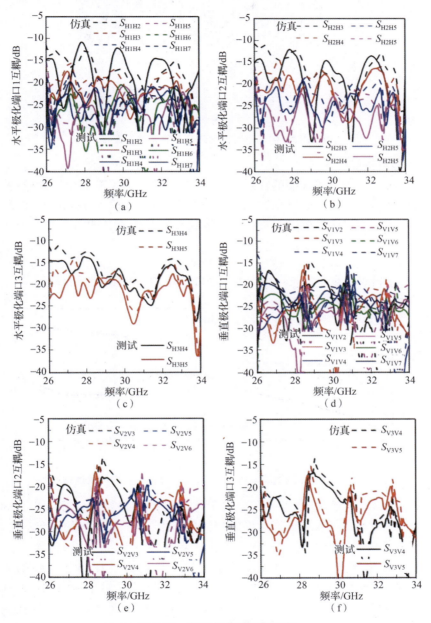

图 5.11 相同极化端口间互耦

（a）水平极化端口 1 与其他端口间互耦；（b）水平极化端口 2 与其他端口间互耦；
（c）水平极化端口 3 与其他端口间互耦；（d）垂直极化端口 1 与其他端口间互耦；
（e）垂直极化端口 2 与其他端口间互耦；（f）垂直极化端口 3 与其他端口间互耦

图 5.12 给出了不同极化端口之间的相互耦合。可以看出，由于极化正交，同一 OMT 的不同极化端口之间的隔离度高于 40 dB。

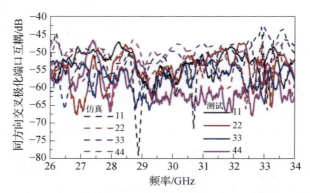

图 5.12　同一辐射方向的交叉极化端口互耦

5.2.2.2　辐射性能

本节介绍双极化龙勃透镜天线的辐射特性。图 5.13 给出了双极化龙勃透镜天线的两种极化天顶方向的增益曲线。随着频率增加，双极化透镜天线的等效辐射电口径增大，相应的天线增益也将增大。双极化龙勃透镜天线的口径效率 η' 的计算公式如下：

$$\eta' = \frac{\lambda^2 G}{4\pi A} \tag{5.4}$$

式中，λ 代表工作频率的真空波长；G 代表天线峰值增益；A 代表天线口径。

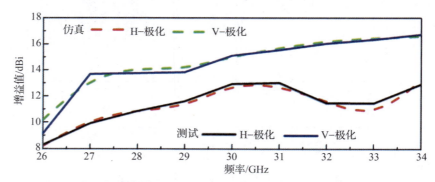

图 5.13　双极化龙勃透镜天线 H 极化与 V 极化天顶方向的增益曲线

该案例中，天线口径由透镜直径和金属板之间的距离决定，计算结果为 341.6 mm^2。TM 模式在 30 GHz 时的口径效率计算结果为 75.4%。由于 TE 模式场的分布不均匀性，对应 TE 模式的口径效率应乘以校正因子 $\pi^2/8$，计算结果为 57.3%。

H 极化和 V 极化所有方向图均展现了扇形波束的特点。H 极化天线的 E 面方向图为窄波束，其在典型频率下的方向图如图 5.14（a）所示。对于 30 GHz 的 H 极化 E 面波束，3 dB 波束宽度为 19.4°。H 极化天线的 H 面方向图为宽波束，其在典型频率下的方向图如图 5.14（b）所示。对于 30 GHz 的 H 极化 H 面波束，3 dB 波束宽度为 86.7°。V 极化天线的 H 面方向图为窄波束，其在典型频率下的方向图如图 5.14（c）所示。对于 30 GHz 的 V 极化 H 面波束，3 dB 波束宽度为 14.5°。V 极化天线的 E 面方向图为宽波束，其在典型频率下的方向图如图 5.14（d）所示。对于 30 GHz 的 V 极化 E 面波束，3 dB 波束宽度为 77.4°。从以上结果可以看出，V 极化波束比 H 极化波束窄，一定程度上也反映了 V 极化具有更高的口径效率。

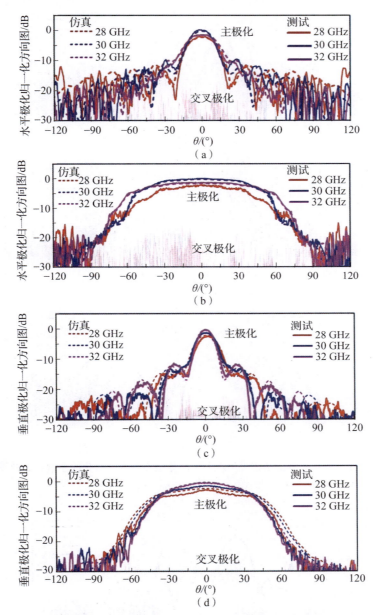

图 5.14 典型频率对应的双极化 E 面、H 面方向图

(a) 水平极化 E 面方向图；(b) 水平极化 H 面方向图；
(c) 垂直极化 H 面方向图；(d) 垂直极化 E 面方向图

5.2.2.3 多波束性能

该双极化龙勃透镜天线 7 组馈电端口的相邻角间距为 16°，因此，多波束指向分别为 0°，±16°，±32°，±48°。图 5.15 和图 5.16 分别给出了本案例所设计的双极化龙勃透镜天线在不同典型频率下水平极化和垂直极化的多波束方向图。在 30 GHz 频率下，双极化龙勃透镜在不同角度的扫描损耗小于 1.1 dB。因此，在固定配置 7 组 OMT 馈电结构的情况下，双极化龙勃透镜天线在 ±48°范围内的多波束合成能力得到了验证。

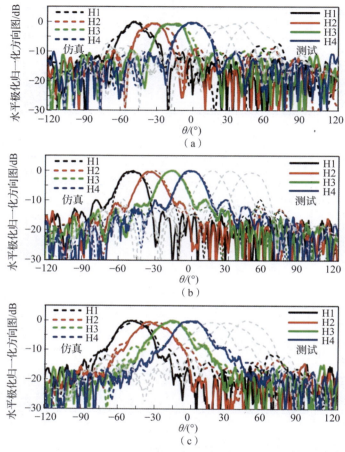

图 5.15　双极化龙勃透镜天线在不同典型频率下水平极化的多波束方向图

(a) 28 GHz；(b) 30 GHz；(c) 32 GHz

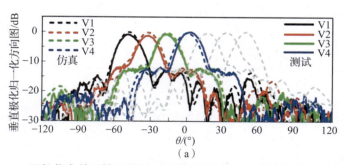

图 5.16　双极化龙勃透镜天线在不同典型频率下垂直极化的多波束方向图

(a) 28 GHz

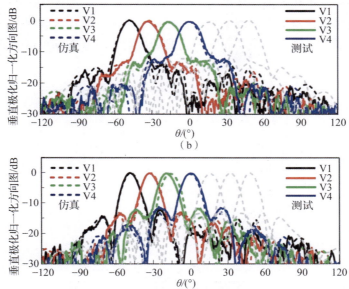

图 5.16 双极化龙勃透镜天线在不同典型频率下垂直极化的多波束方向图（续）
(b) 30 GHz；(c) 32 GHz

5.2.3 圆极化性能探讨

根据极化合成基本原理，在具备双线极化合成能力的基础上，通过合理的幅度和相位配置，即可合成其他种类的极化。其中，典型的极化需求是圆极化。本节基于上述案例，进一步探讨利用双极化龙勃透镜天线实现圆极化性能的潜力。假设将一个不等幅且不等相位的功率分配器作为 H 极化和 V 极化端口的馈电器件，发现当功率分配比达到 2.06 dB（1.61 倍）且双通道相位差为 20°（H 极化相对于 V 极化）时，可以实现 30 GHz 频率点的圆极化，其轴比和窄波束的一维方向图如图 5.17 所示。以小于 3 dB 的轴比为标准，窄波束方向图可以在 ±10°范围内实现圆极化，宽波束方向图可以在 ±32°范围内实现圆极化，足以覆盖双极化龙勃透镜天线的主波束辐射范围。在采用上述功率分配器的前提下，图 5.18 给出了该双极化龙勃透镜天线合成圆极化的带宽特性。在 28.9~31.2 GHz 频率范围内，双极化龙勃透镜

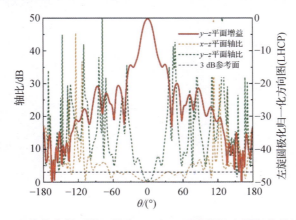

图 5.17 双极化龙勃透镜天线在 30 GHz 下虚拟馈电圆极化的波束特性

天线可以保持良好的圆极化性能。从图 5.18 也可以看出，本案例中研究的全金属双极化龙勃透镜的若干馈电角度，对应合成圆极化辐射的频带基本一致，这表明这一方案的圆极化性能对波束指向并不敏感。因此，全金属双极化龙勃透镜天线方案也可以扩展为毫米波圆极化多波束天线方案。

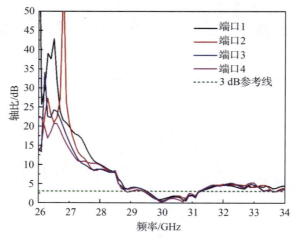

图 5.18　双极化龙勃透镜天线虚拟馈电圆极化的带宽特性

5.3　小　　结

本章介绍的毫米波全金属透镜多波束天线，解决了金属传输结构中双线极化协同调控难的问题，在单一金属结构龙勃透镜天线中，实现了两种正交极化的共口径工作。本章提出的基于全金属周期结构的复合模式协同调控，实现了两种正交极化模式的相速度独立控制。所给的典型案例中，设计了一种可支持水平极化和垂直极化独立控制并共口径工作的金属龙勃透镜，结合相应的 OMT 馈电结构设计，从而实现了一体化全金属双极化龙勃透镜天线。此外，在添加合适的馈电网络后，全金属双极化龙勃透镜天线还可以用作圆极化天线。以上内容为毫米波无源多波束应用提供了一种全新的、不依赖介质材料的低损耗多极化天线解决方案。本章采用的思想也可以为采用全金属结构实现多波束功能与多极化功能的结合提供有意义的参考。

第6章
多透镜子阵相控阵多波束技术

梯度折射率透镜可以在大角度宽频带内实现多个离散波束,但在面对波束密集覆盖的需求时,不仅会激增馈源数量,还会给馈源小型化设计提出极高要求。为进一步解决上述问题,本章介绍一种基于透镜子阵的相控阵天线技术,结合全金属传输媒质和新型多波束透镜结构,进一步探讨具有宽角扫描性能的毫米波全金属透镜天线单元和透镜相控阵天线的设计。

透镜天线单元以基于二维全金属周期结构的 PMFE 透镜天线形式为范例,具有宽波束覆盖范围和低扫描损耗等优点。PMFE 透镜是在 MFE 透镜的基础上,在距离中心 $0.45R$(R 为 MFE 透镜的半径)处沿直线切开得到的。通过沿该直线放置馈源,可以在 $\pm 90°$ 范围内实现高增益、窄波束的波束扫描。为了检验该方案的可行性,本章设计一款基于表面波模式的多波束 PMFE 透镜天线并在 Ka 波段进行验证。

本章的后半部分介绍以 PMFE 透镜天线为阵元的一维相控阵天线,其中,每个阵元采用上下两层交错布局的设计。该透镜相控阵天线通过整体移动 PMFE 透镜的馈源位置并改变阵元间的相位差,使阵元的波束指向与阵列的主波束指向一致,可以在实现高增益辐射的同时抑制副瓣电平和栅瓣。所用 PMFE 透镜天线单元的结构是基于准 TEM 模进行设计的。经检验,该相控阵天线在 $\pm 70°$ 范围内具有良好的多波束覆盖性能,验证了全金属梯度折射率透镜天线在基于子阵的毫米波相控阵设计中的可行性。

6.1 基于 PMFE 透镜的天线单元

6.1.1 PMFE 透镜的工作原理

PMFE 透镜天线单元的核心是 MFE 透镜,其多波束辐射的设计灵感来自对 Gutman 透镜和 Eaton 透镜梯度折射率分布的对比研究。Gutman 透镜和 Eaton 透镜的折射率 n_{Gutman} 和 n_{Eaton} 沿径向的表达式如下:

$$n_{\text{Gutman}} = \sqrt{\frac{1 + (f/R)^2 - (r/R)^2}{(f/R)^2}} \tag{6.1}$$

$$n_{\text{Eaton}} = \frac{R}{n_{\text{Eaton}} r} + \sqrt{\left(\frac{R}{n_{\text{Eaton}} r}\right)^2 - 1} \tag{6.2}$$

式中,R 为透镜的半径;r 为透镜径向上的点到中心的距离;f 为 Gutman 透镜的焦距。

为了使上述对比结果更加直观,将 Gutman 透镜的焦距 f 设为 $R/\sqrt{3}$,此时,MFE 透镜和

Gutman 透镜的折射率最大值（$r=0$ 处）均为 2，而 Eaton 透镜的折射率分布则可以使边缘入射的波束偏转 90°射出。图 6.1 给出了上述三种透镜的折射率分布曲线。可以看出，除中心和边缘处，Gutman 透镜的折射率大于 MFE 透镜，且变化范围均在同一量级。而对于 Eaton 透镜，在 $r=0.25R$ 处，其折射率分布曲线与 MFE 透镜的折射率分布曲线相交，且两条曲线随半径 r 增大而逐渐接近。

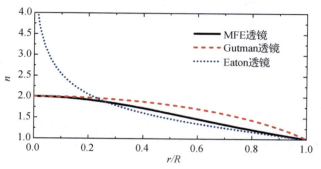

图 6.1　MFE 透镜、Gutman 透镜和 Eaton 透镜的折射率分布曲线

三种透镜折射率分布的相似性与差异可以根据各自的曲线变化率进一步分析。图 6.2 给出了它们关于归一化半径 r/R 的一阶导数和二阶导数，即 n' 和 n''。一阶导数 n' 体现了三条折射率曲线的梯度变化情况。从图 6.2 可以看出，由于所有的折射率曲线都是随 r/R 增大而减小，因此它们的一阶导数均为负数。靠近边缘处的 Gutman 透镜曲线变化率大于相应位置的 MFE 透镜，而中心附近的 Eaton 透镜曲线变化率则大于相应位置的 MFE 透镜。对于折射率的二阶导数 n''，当 $r/R<0.6$ 时，MFE 透镜的二阶导数小于 0，近似于 Gutman 透镜；而当 $r/R>0.6$ 时，MFE 透镜的二阶导数大于 0，并与 Eaton 透镜的变化规律相近。

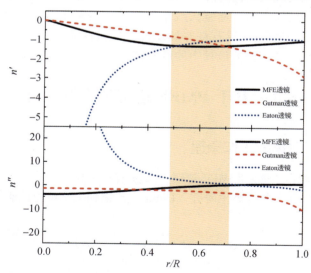

图 6.2　MFE 透镜、Gutman 透镜和 Eaton 透镜的折射率
关于归一化半径的一阶导数和二阶导数的变化曲线

根据上述分析，MFE 透镜的折射率分布曲线分别在中心和边缘区域与 Gutman 透镜和 Eaton 透镜具有相似性。因此，可以将 MFE 透镜视为由类 Gutman 透镜和类 Eaton 透镜两

部分构成，这两部分的分界线为图 6.2 所示的黄色条带。由此推断，在 MFE 透镜内部的不同位置进行馈电时，其辐射特性与在同样位置馈电的 Gutman 透镜和 Eaton 透镜类似，即分别实现平面波辐射和 90°波束偏转，如图 6.3 所示。下面将针对这一特性进行更详细的讨论。

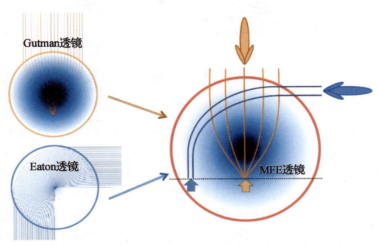

图 6.3　馈源在 MFE 透镜内部不同位置时的传播过程示意

首先研究在中心附近馈电时，MFE 透镜与 Gutman 透镜类似的平面波聚焦特性。

为了评估 MFE 透镜的聚焦能力，图 6.4 给出了平行光入射 MFE 透镜的传播过程示意，仿真结果通过多物理场仿真软件 COMSOL Multiphysics 获得。可以看出，平行光在 MFE 透镜内部汇聚形成了一个焦斑，并且越靠近中轴线入射的平行光，其聚焦效果越接近理想焦点。因此，尽管在平面波入射条件下 MFE 透镜内部没有完美焦点，但对于大部分靠近中轴线的入射波，其仍然可以表现出类似 Gutman 透镜的聚焦性能。

对于天线设计来说，根据光路可逆原理，上述性质表明在 MFE 透镜内部可选取合适的馈源位置，使点源转换成平面波，从而实现多波束辐射。图 6.5 给出了相应的透镜天线结构示意，其形成过程如下。首先，焦斑可以简化成 A 点，其与透镜中心 O 点的距离为 l_{OA}；接着，经过 A 点作一条与 OA 垂直的直线并与透镜边缘相交于 E 点；然后，透镜被直线 AE 分成 I、II 两个区域，去掉区域 II；最后，沿着直线 AE 放置入射进区域 I 的馈源。这个基于 MFE 透镜的天线称为"部分"MFE（PMFE）透镜天线。此外，l_{OA} 还可以进一步优化以改善 PMFE 透镜天线的方向性。从图 6.5 可以看出，当 l_{OA} 为 $0.40R$，$0.45R$、$0.50R$ 和 $0.55R$ 时（R 为 MFE 透镜的半径），出射波从发散逐渐转变为汇聚。特别是当 $l_{OA} = 0.45R$ 时，PMFE 透镜形成了较好的出射平行光，此时天线的方向性最大。

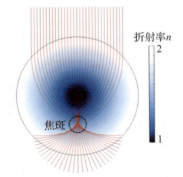

图 6.4　平行光入射 MFE 透镜的传播过程示意

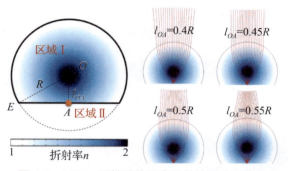

图 6.5 PMFE 透镜结构示意及其馈源位置优化

接下来研究当 PMFE 透镜天线的馈源远离 A 点时，出射波的偏转特性，并与 Eaton 透镜的光束偏转能力进行对比。

图 6.6 给出了平行光分别从 Eaton 透镜、MFE 透镜和 Gutman 透镜的边缘处入射时，出射光线的偏转情况。其中，将入射平行光的宽度 w_{in} 设为 $0.1R$，将入射光的轴线与中心 O 点的距离 s_{in} 设为 $0.7R$。引入 Gutman 透镜是为了对比其与 MFE 透镜的折射率分布差异对波束偏转的影响。从图 6.6 可以看出，Eaton 透镜使入射光束较好地偏转了 90° 出射，MFE 透镜也使光束偏转了接近 90° 但存在一定的像差，而 Gutman 透镜使光束偏转的角度最小。

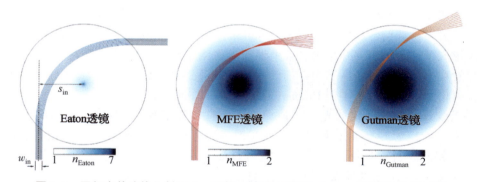

图 6.6 平行光从边缘入射 Eaton 透镜、MFE 透镜和 Gutman 透镜的传播过程

对于 $l_{OA}=0.45R$ 的 PMFE 透镜天线，在切割线上远离 A 点处放置馈源，可使出射电磁波获得较大的波束偏转。如图 6.7 所示，发散角为 20° 的锥形光束和宽度为 $0.1R$ 的平行光分别从馈电点 S 入射。可以看出，PMFE 透镜可以将馈源发出的入射光近似偏转 90° 出射。相比平行光入射，采用具有锥形光束的馈源可以使出射光束获得更好的平行度，这为实现多波束天线的馈源结构设计提供了指导和参考。

综上所述，尽管 PMFE 透镜不具有理想的内部焦点和光束偏转能力，但它仍可通过改变馈电点位置实现类似 Gutman 透镜和 Eaton 透镜的波束扫描特性，且辐射性能在可接受范围内，体现了其在拓宽天线扫描角度方面的潜力，为后续多波束透镜相控阵的天线单元设计方案打下基础。

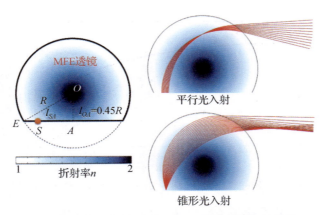

图 6.7　从边缘处馈电的 PMFE 透镜波束偏转特性

6.1.2　表面波模式的 PMFE 透镜

将上述 PMFE 透镜结构应用于毫米波多波束天线设计中，便可提出工作在 Ka 波段的全金属 PMFE 透镜天线，并通过数值仿真软件获得相关的辐射特性。

采用在单层金属平板上加载高度不同金属柱阵列的方式，实现半径为 25 mm 的 MFE 透镜，并沿直线 AE 去掉距离中心 $l_{OA}=11.25$ mm 以外的周期单元，得到 PMFE 透镜天线，其示意如图 6.8 所示。需要注意，所用的周期结构支持的是 TM 模传输的表面波，其等效折射率 n 与金属柱高度 h 的关系可以表示如下：

$$h = \frac{\arctan\left(\dfrac{p\sqrt{n^2-1}}{p-a}\right)}{k_0} \tag{6.3}$$

式中，周期 $p \ll$ 自由空间波长 λ_0，且金属柱边长 $a < p/2$；k_0 为自由空间波数。

将 MFE 透镜的折射率分布曲线代入式（6.3）可得

$$h = \frac{\arctan\left[\dfrac{p}{p-a}\sqrt{\dfrac{4}{1+2(r/R)^2+(r/R)^4}-1}\right]}{k_0} \tag{6.4}$$

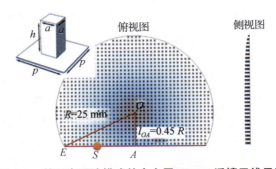

图 6.8　基于表面波模式的全金属 PMFE 透镜天线示意

在本案例中，将工作频率设为 36 GHz，将周期 p 和金属柱边长 a 分别设为 1.2 mm 和 0.5 mm。图 6.9 给出了金属柱高度 h 和等效折射率随归一化半径 r/R 变化的曲线。

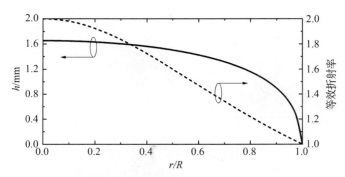

图 6.9　金属柱高度和等效折射率随归一化半径变化的曲线

TM 模的色散效应对 PMFE 透镜天线波束扫描性能产生影响。由式（6.3）可知，当金属柱高度 h 确定以后，增大或减小工作频率将改变自由空间波数 k_0，从而引起等效折射率 n 的变化。图 6.10 给出了当频率从 32 GHz 增大到 38 GHz 时，PMFE 透镜的等效折射率沿径向变化的曲线。可以看出，其等效折射率分布的色散效应比较明显，会影响不同频率下的波束扫描范围，对比将在下文中进一步讨论。

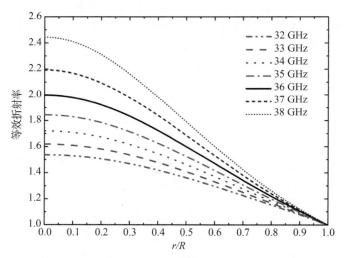

图 6.10　不同频率对应的全金属 PMFE 透镜等效折射率变化曲线

PMFE 透镜由 WR28 标准矩形波导馈电，并沿图 6.8 中直线 AE 水平移动波导以实现波束扫描，其结构示意如图 6.11 所示。

为使电磁波在透镜和自由空间之间进行良好的过渡，将透镜的金属平板向外延伸 10 mm。此外，在设计过程中，透镜与馈源波导之间的位置关系也是影响辐射性能的重要因素。由于透镜支持的是 TM 模表面波传播，而馈源波导内的基模是 TE_{10} 模，因此，透镜与馈源波导直接相连会引起阻抗失配。尽管可以将馈源波导向透镜外移动（沿 $-x$ 方向或 $+z$ 方向）以满足远场条件，但这不仅会影响透镜的平面波形成效果，还会大幅减小透镜的耦合效率。因此，为了改善阻抗匹配，需要对馈源波导与金属平板之间的距离参数 t 进行优化设计。根据图 6.12 的仿真结果可得，当 $t=1$ mm 时，透镜天线在大部分频段内的反射系数为 -20 dB 左右。

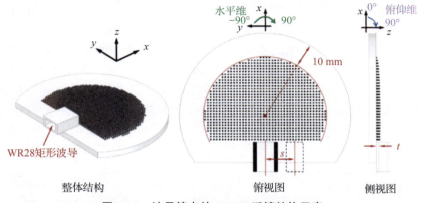

图 6.11　波导馈电的 PMFE 透镜结构示意

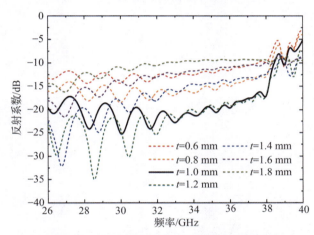

图 6.12　间距 t 取不同值时对应的反射系数

将馈源与中心对称面的距离 s 分别设为 0 mm，4.5 mm，9 mm，13.5 mm 和 18 mm，以评估 PMFE 透镜的波束扫描能力。图 6.13 给出了这 5 个馈电点位置对应的透镜天线反射系数。反射系数在小于 37 GHz 的频段内均小于 −15 dB，这体现了良好的阻抗匹配效果。

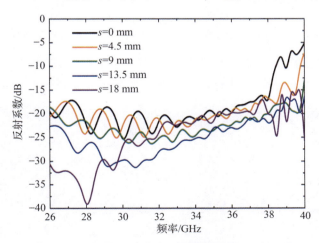

图 6.13　不同馈电点位置对应的透镜天线反射系数

图 6.14 给出了在不同馈电位置和不同工作频率下,电磁波在 PMFE 透镜内的传播情况。如图 6.14(a)所示,当波导从中心对称面($s=0$ mm)进行馈电时,由于该透镜支持的是沿 x 轴传播的 TM 模电磁波,因此,电场分量主要为 E_x 和 E_z,且 E_z 构成远场辐射的主要部分。在接下来的分析中,沿 z 轴的场分量将作为主要研究对象。如图 6.14(b)所示,当 $s=0$ mm 时,在所有工作频率处,波束都没有发生偏转。但当 s 为 9 mm 和 18 mm 时,波束指向不仅逐渐增大,而且由于色散效应出现了频率扫描现象。此外,当 $s=18$ mm 时,透镜天线在 35 GHz 和 36 GHz 的波束指向均大于 90°。上述全波仿真结果与第 6.1.1 节的射线追踪结果吻合得较好,这表明 PMFE 透镜在宽角波束扫描中具有应用潜力。

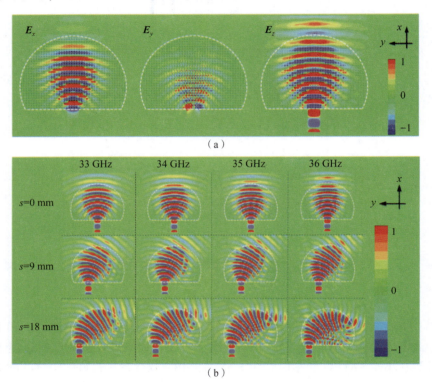

图 6.14 透镜天线在 x–y 平面内的电场分布
(a)频率为 36 GHz,从中心馈电;(b)在不同频率下,不同馈电位置对应的 E_z

但是,由于表面波模式的非对称性以及有限大金属地板的限制[28,140,151],辐射波束在 x–z 平面内存在约 20°的上翘(见图 6.15),相关的解决方法将在下一节进行介绍。

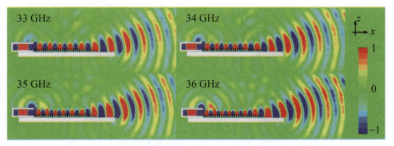

图 6.15 不同频率下 E_z 在 x–z 平面内的分布情况

6.1.3 辐射方向图优化

在该相控阵天线单元设计中，由波束上翘引起的方向图不对称性应尽量避免，因为这会导致阵列方向图偏离预期的波束指向并且增加副瓣电平的调控难度。为了改善方向图的形状，将一块金属平板覆盖在基于表面波的 PMFE 透镜天线上方，以减小波束相对于水平维的仰角，如图 6.16 所示。在此基础上，上下两层金属平板的边缘设计为渐变张角结构以保持改进后的透镜与自由空间的良好阻抗匹配。张角结构的长度 l 和口径面的高度 q 分别为 10 mm 和 11.56 mm，金属平板的间距 $g = t + t + 3.56 \text{ mm} = 5.56 \text{ mm}$。

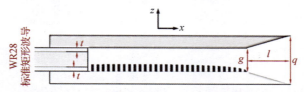

图 6.16 引入金属盖板的 PMFE 透镜天线结构示意

盖板结构使周期单元的边界条件发生改变，因此，改进后的 PMFE 透镜等效折射率分布会发生变化。图 6.17 给出了有无盖板条件下，PMFE 透镜的梯度折射率分布曲线对比结果，其中，周期单元的等效折射率是通过本征模数值仿真求得的。从图 6.17 可以看出，与无盖板的透镜相比，盖板的引入将略微增大透镜的等效折射率，且变化量随频率升高而增大，但这两种透镜折射率分布的整体变化趋势保持一致。

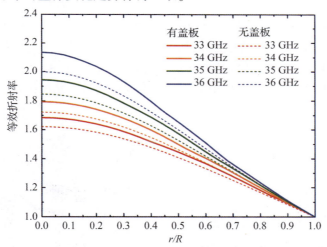

图 6.17 PMFE 透镜在有无盖板条件下的等效折射率

引入盖板后，PMFE 透镜天线的波束扫描特性如图 6.18 所示。从图 6.18（a）所示的 36 GHz 频率点电场分量仿真结果中可以看出，改进后的透镜内部传输的仍然是 TM 模电磁波。此外，在 $s = 18$ mm 处馈电，改进后的透镜仍存在波束的频率扫描现象，并且工作频率为 36 GHz 时的波束偏转接近 90°。与第 6.1.2 节的仿真结果相比，在 33～36 GHz 频段内，PMFE 透镜天线的辐射波束近似沿水平维传播（见图 6.18（b）），其波束上翘问题得到了明显改善。综上所述，引入上层金属盖板结构可以明显改善 PMFE 透镜天线的辐射方向图并保持其波束的宽角扫描特性，为后续多波束透镜相控阵天线的单元设计提供了参考。

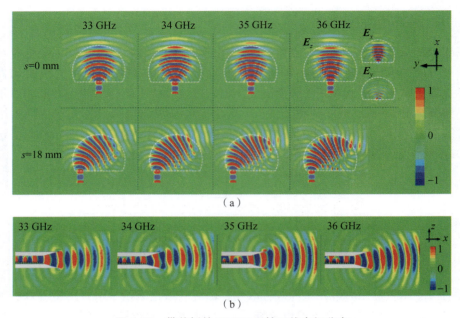

图 6.18 带盖板的 PMFE 透镜天线电场分布

(a) 在 x–y 平面的 E_z；(b) 在 x–z 平面的 E_z

6.1.4 样件案例

基于 PMFE 透镜的全金属多波束天线如图 6.19（a）所示。它采用沿直线放置的 6 个矩形波导进行馈电，以验证波束扫描性能。其中，考虑到矩形波导 TE_{10} 主模的工作频段，将馈电波导的宽度设为 6 mm，将相邻波导的间距设为 7 mm。图 6.19（b）给出了该多波束天线的实物样件。为便于测试，每个馈电波导连接了必要的转换过渡结构以便与 WR28 标准矩形波导的尺寸匹配。

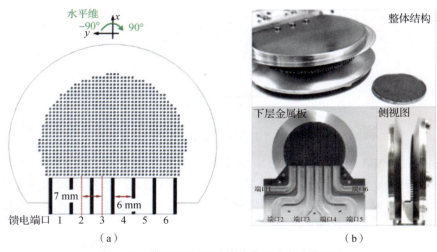

图 6.19 基于 PMFE 透镜的全金属多波束天线

(a) 结构示意；(b) 实物样件

PMFE 透镜天线的 S 参数仿真与测试结果如图 6.20 所示。在图 6.20（a）中，从 33 GHz 到 36 GHz，6 个馈电端口的实测反射系数均小于 –12.5 dB，且较好地吻合了仿真结果。而关于中心对称的两个端口测试结果非常接近（端口 1 和端口 6、端口 2 和端口 5、端口 3 和端口 4），体现了良好的阻抗匹配与加工制造效果。图 6.20（b）所示为各个馈电端口隔离度的仿真与测试结果。可以看出，工作频段内的端口隔离度均大于 20 dB，说明 6 个馈电通道具有良好的独立性。

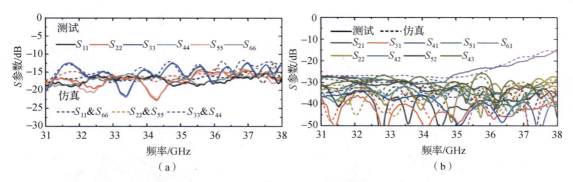

图 6.20 不同馈电端口的 S 参数仿真与测试结果
（a）反射系数；（b）耦合系数

图 6.21 给出了 PMFE 透镜天线在水平维（H 面）的归一化辐射方向图，测试频率分别为 33 GHz，34 GHz，35 GHz 和 36 GHz。可以看出，4 个频率的仿真与测试结果一致性较好，且每个频率对应的最大波束指向分别为 60°，65°，73.5°和 85°。此外，交叉极化电平小于 –20 dB，体现了良好的线极化辐射性能。

当靠近中心对称面的端口 3 被激励时，透镜天线在俯仰维（E 面）的方向图如图 6.22 所示。可以看出，当工作频率从 33 GHz 增大到 36 GHz 时，方向图的主波束形状比较对称，且相对于水平面几乎没有上翘。

当端口 1～端口 3 馈电时，PMFE 透镜天线的增益和辐射效率如图 6.23 所示。在工作频段内，波束指向处的天线增益扫描损耗均小于 3.0 dB。考虑到加工所用铝材的导体损耗和表面粗糙度，透镜天线的辐射效率超过了 84.6%。当工作频率为 36 GHz 时，结合图 6.21（d）所示的测试结果，激励端口 1 可以使天线在方位角 90°处获得约 12.5 dBi 的增益，具有较宽的波束扫描范围。

通过将本案例提出的 PMFE 透镜天线与其他已有毫米波梯度折射率透镜天线进行对比发现，尽管该透镜天线在波束扫描过程中存在约 3 dB 的增益损耗，但其波束扫描范围可以达到 ±90°，这是相比已有研究成果的一个明显改进。同时，由于透镜天线整体采用全金属结构，因此，其辐射效率可达 80% 以上，且端口间保持了较高的隔离度。综上所述，PMFE 透镜的研究工作为后续多波束透镜相控阵天线的实现提供了技术基础。

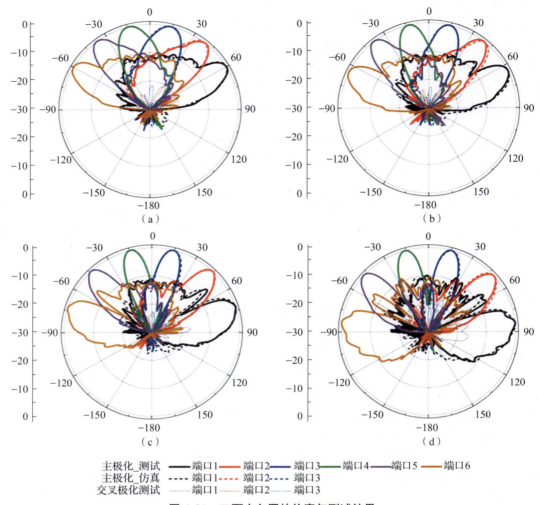

图 6.21　H 面方向图的仿真与测试结果

（a）33 GHz；（b）34 GHz；（c）35 GHz；（d）36 GHz

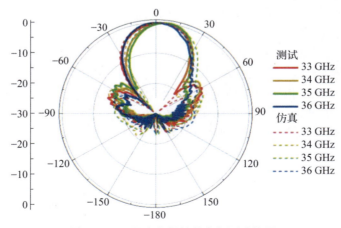

图 6.22　E 面方向图的仿真与测试结果

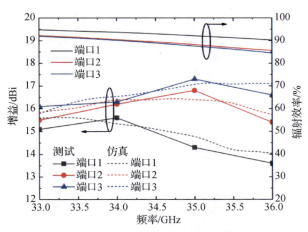

图 6.23　PMFE 透镜天线的增益和辐射效率

6.2　基于 PMFE 透镜的相控阵天线

6.2.1　天线结构与工作原理

接下来介绍将 4 个 PMFE 透镜天线作为阵元，设计并实现工作在 28 GHz 频段的 1×4 相控阵天线（以下称透镜相控阵天线）的方法。如图 6.24 所示，透镜相控阵天线包括 PMFE 透镜天线阵列和馈电波导阵列两部分。其中，透镜天线阵列由 4 个尺寸参数完全相同的 PMFE 透镜构成，且每个透镜均为空气填充的全金属结构。每个透镜天线单元由全金属的 WR28 标准矩形波导端口分别进行馈电。将双脊波导结构加载到 PMFE 透镜的馈源与波导端口之间，以改善天线单元的阻抗匹配性能。

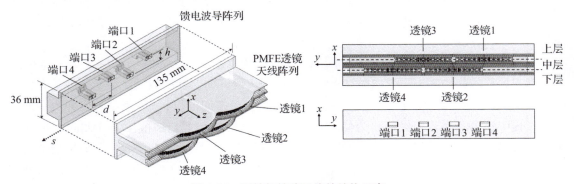

图 6.24　透镜相控阵天线的结构示意

在阵列组织形式上，透镜相控阵天线单元采用了沿 y-z 平面的上下两层交错布局方式，以实现一维波束扫描。其中，相邻透镜天线单元沿 y 轴的间距 d 均相同且与 x 轴错开的距离为 h。以 y-z 平面为参考，透镜 1 和透镜 3 位于同层，而透镜 2 和透镜 4 位于另一层。此外，由于此处所用 PMFE 透镜天线是通过在平行板内上下对称地加载两排金属柱阵列实现的，因此，透镜天线阵列可以沿 x 轴分为上、中、下三层金属基板，这些金属基板则通过两端的金属壁进行支撑。具体来说，透镜 1 和透镜 3 的上排金属柱阵列位于上层金属基板的下侧，而其下排金属柱阵列则位于中层金属基板的上侧；透镜 2 和透镜 4 的上排和下排金属柱阵列分别位于中层金属基板的下侧和下层金属基板的上侧。这种上下两层交错的排布方式使得馈电波导呈"品"字形交错。为便于波导端口与后级移相电路相连，每个馈电波导都加载了 E 面转弯波导，以使端口 1～端口 4 位于同一平面。

该透镜相控阵天线的本质是在阵列天线的基础上，复合了梯度折射率透镜天线的波束切换方式，如图 6.25 所示。

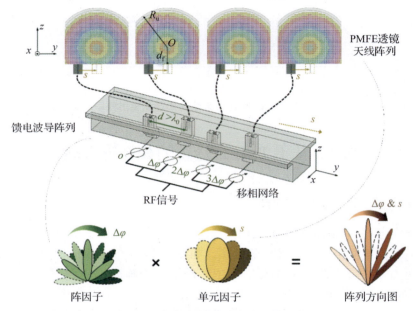

图 6.25　透镜相控阵天线的工作原理

相控阵天线通过改变相邻天线单元间的相位差实现指定角度的定向辐射。对于辐射特性完全相同且相互独立的理想天线单元，阵列天线方向图 $F(\theta,\varphi)$ 等于单元因子 $\mathrm{EF}(\theta,\varphi)$ 与阵因子 $\mathrm{AF}(\theta,\varphi)$ 的乘积，即方向图乘积定理：

$$F(\theta,\varphi) = \mathrm{AF}(\theta,\varphi) \times \mathrm{EF}(\theta,\varphi) \tag{6.5}$$

对于典型的相控阵天线，如微带天线或偶极子天线阵列，其所用天线单元往往具有较大的波束宽度，且阵元间距在 $0.5\lambda_0 \sim \lambda_0$ 之间（λ_0 为自由空间波长），避免了阵列天线在波束扫描过程中栅瓣的出现。然而，为使阵列天线获得高增益和宽扫描范围，阵元间距往往较小，且需要较多的阵元和射频通道数量，导致相控阵天线的设计复杂度和生产成本增加。为减少阵元数量，本案例将阵元间距 d 增大到 λ_0 以上，此时阵因子将产生多个栅瓣。为抑制栅瓣，天线单元的形式为前一节提出的 PMFE 透镜天线，其馈源与透镜中心的距离 $d_f = 0.45R_u$（R_u 为透镜半径）。该天线单元可以通过改变馈电点位置实现波束指向连续变化的窄波束。将馈电波导阵列沿 y 轴滑动，从而改变透镜天线单元的馈电点位置 s，使得天线单元的波束指向与阵因子的主波束指向一致。根据方向图乘积定理，单元方向图的窄波束将抑制阵列方向图的栅瓣，实现透镜相控阵天线在大角度范围内的高质量连续波束扫描。

透镜相控阵天线的工作原理复合了机械扫描与相位扫描两种波束切换体制，因而催生了连续波束扫描和分区域相位扫描两种工作模式。图 6.26（a）所示为连续波束扫描，具体工作过程如下：步骤 1，根据单元方向图的波束宽度及阵因子栅瓣出现的角度，得到阵元间距 d 和每个阵元的馈电点位置 s；步骤 2，由阵列天线的主波束指向和阵元间距 d，计算得到端口 1~端口 4 之间的相位差 $\Delta\varphi$；步骤 3，移动馈电波导阵列至馈电点位置 s，使每个透镜天线单元的波束指向与 $\Delta\varphi$ 对应，从而获得高增益、窄波束、低栅瓣的方向图；步骤 4，根据下一波束指向，重复步骤 2 和 3。

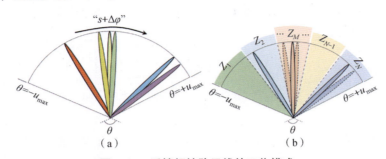

图 6.26 透镜相控阵天线的工作模式
(a) 连续波束扫描；(b) 分区域相位扫描

从上述工作过程不难看出，得益于 PMFE 透镜良好的宽角扫描性能，透镜相控阵天线可以在较大范围内实现连续且稳定的波束扫描。但是透镜天线的波束指向与馈源位置尚无理论上的对应关系，在前期设计过程中仍需要对不同馈电点位置下的天线单元方向图进行大量仿真。此外，由于机械扫描的速度和精度与电控方式仍存在差距，因此，这种工作模式并不适用于多用户的实时通信。针对这一问题，机械预置结合电扫描的分区域相位扫描模式则更合适。由于 PMFE 透镜作为天线单元仍具有一定的波束宽度（半功率波束宽度为 ±6°），因此，在每个馈电点位置下，可以适当改变馈电端口的相位差，以实现在特定空间区域内的波束切换。不同于连续波束扫描，该工作模式不需要实时改变透镜天线的馈电点位置，可以充分发挥"相位扫描"在速度和精度上的优势，有望同时满足多用户和实时这两个重要的应用需求。图 6.26（b）所示为分区域相位扫描，具体工作过程如下：步骤 1，由阵列天线对副瓣和栅瓣的要求得到阵元间距 d，并根据透镜单元在不同馈电点位置 s 的波束形状，将整个空间覆盖范围分成多个子区域（Z_1，Z_2，…，Z_M，…，Z_{N-1}，Z_N）；步骤 2，由阵列主波束指向和阵元间距 d，计算得到端口间相位差 $\Delta\varphi$；步骤 3，当阵列天线在某一子区域扫描时，机械预置馈电点位置 s 使透镜单元的主波束覆盖该区域，然后通过控制 $\Delta\varphi$ 获得高增益、窄波束的阵列方向图；步骤 4，根据下一波束指向，重复步骤 2 和 3。

综上所述，透镜相控阵天线的设计关键在于阵列组织方式和天线单元的辐射性能。其中，阵列布局主要取决于阵元间距 d，单元方向图则取决于馈电点位置 s。不同于前一节的单天线设计追求最优化阵列辐射性能的思路，相控阵天线在研制过程中往往需要对阵列和单元进行结构和性能上的折中与取舍，该部分内容将在下文中进一步展开讨论。

6.2.2 阵列布局

图 6.27 给出了基于 PMFE 透镜的理想透镜相控阵天线辐射特性，以进一步说明上述分区域相位扫描模式的可行性。图 6.27（a）给出了透镜天线在 28 GHz 频率点的多波束辐射方向图（单元因子 $EF(\theta,\varphi)$），其中透镜的半径 R_u 为 30 mm，馈电点位置 s 以 3 mm 为步进沿 y

轴从 -15 mm 移动至 $+15$ mm。可以看出，透镜天线的波束指向 u_{EF} 覆盖了 $\pm 60.5°$ 的角度范围，叠加了半功率波束宽度的角度覆盖范围则达到了 $\pm 72°$。由于 PMFE 透镜关于 x-z 平面对称，当馈源从中心沿 y 轴向边缘移动时，天线增益从 15.6 dBi 衰减到 13.3 dBi（差值为 2.3 dBi），相邻波束间的相对交叠电平在 $-2.5 \sim -1.1$ dB 之间。较小的增益差和交叠电平降低了阵列天线在扫描过程中的波束起伏，有利于提高阵列波束扫描到大角度时的增益。图 6.27（b）给出了阵元间距 $d = 2\lambda_0$ 时阵因子 $AF(\theta,\varphi)$ 在 y-z 平面（$\varphi = 90°$）的方向图，其结果由下列公式计算得到：

$$AF(\theta,\varphi) = \frac{\sin\left[\frac{N}{2}(k_0 d \sin\theta + \alpha_y)\right]}{N\sin\left[\frac{1}{2}(k_0 d \sin\theta + \alpha_y)\right]} \tag{6.6}$$

$$\alpha_y = -k_0 d \sin u_{AF} \tag{6.7}$$

式中，N 为天线单元数量（本节中 $N=4$）；k_0 为波数；α_y 为相邻天线单元间的相位差；u_{AF} 为阵因子的波束指向。

可见，除主瓣外，阵因子在 $\pm 90°$ 的半空间内存在多个栅瓣。

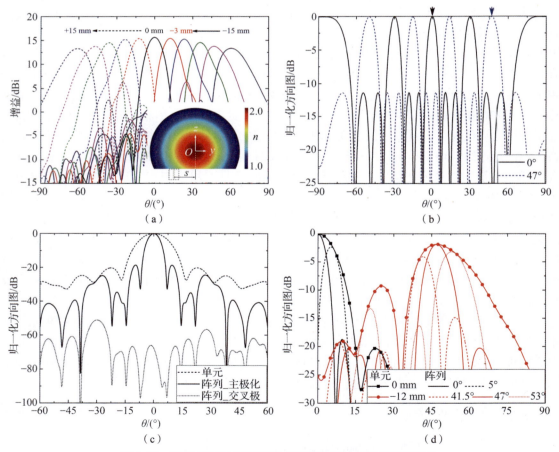

图 6.27 基于 PMFE 透镜的理想透镜相控阵天线的辐射特性
（a）单元因子；（b）阵因子；（c）指向为 0° 的阵列方向图；（d）阵列波束扫描方向图

EF(θ,φ) 与 AF(θ,φ) 相乘后得到的阵列方向图 $F(\theta,\varphi)$ 如图 6.27（c）和图 6.27（d）所示。在图 6.27（c）中，当阵列天线的波束指向 $u=0°$ 时，天线单元的馈电点位于 PMFE 透镜的中心对称面上（$s=0$ mm），且每个天线单元均为等幅、同相馈电。半功率波束宽度 θ_{HPBW} 和副瓣电平分别为 5.8° 和 -18.6 dB，而低于 -60 dB 的交叉极化电平体现了阵列天线良好的线极化性能。在图 6.27（d）中，对于不同的阵列波束指向 u，在改变馈电点位置 s 的同时，相应地调整相邻单元间相位差 α_y，以使 $u_{AF}=u$。例如，在 $s=-12$ mm 的条件下，EF(θ,φ) 的波束指向 u_{EF} 为 47° 且半功率波束覆盖范围为 40°~57.5°。在此范围内，只需令 $\alpha_y=-k_0 d\sin u$，即可使 $F(\theta,\varphi)$ 的波束指向 u 为 41.5°~53°。

单元因子和阵因子是影响阵列天线副瓣电平最重要的两个因素，而当天线单元形式确定以后，阵因子成为控制副瓣电平的关键。根据阵列综合原理，对于波束指向 $u=0°$ 的等幅、同相天线阵列来说，旁瓣和栅瓣出现的角度位置取决于阵元间距 d。图 6.28 给出了在 $u=0°$ 条件下，d 取不同值时对阵列方向图 $F(\theta,\varphi)$ 的影响，其中馈电点位置 $s=0$ mm。如图 6.28（a）所示，当阵元间距 d 从 $2\lambda_0$ 增大到 $6\lambda_0$ 时，阵因子的波束指向 u_{AF} 均为 0° 且波束宽度随 d 的增大而减小，栅瓣数量则在 $-30°<\theta<30°$ 的范围内从 2 个增大到 6 个。当 $d=6\lambda_0$ 时，靠近主波束的栅瓣所在角度为 $\theta_{GL}=\pm9.5°$，而相同角度下单元因子的归一化电平为 -6.4 dB。综上所述，虽然增大阵元间距可使阵列天线获得更窄的波束宽度，但这也会使栅瓣落入单元因子的主波束内，从而导致副瓣电平恶化。

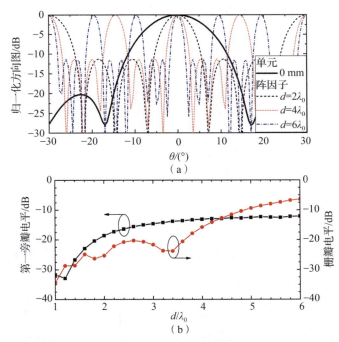

图 6.28　当阵元间距 d 取不同值时，阵列天线在 0° 指向的辐射特性
(a) 单元与阵因子方向图；(b) 第一旁瓣与栅瓣电平

图 6.28（b）给出了阵元间距 d 对阵列天线第一旁瓣和栅瓣的影响。可以看出，增大 d 使得第一旁瓣电平从 -33 dB 恶化到 -12 dB，并且在 $d>4\lambda_0$ 以后，第一旁瓣电平几乎保持

不变。这是由于较大的阵列间距使得阵因子的第一旁瓣在 $\theta=0°$ 附近，而 $\theta=0°$ 附近的单元因子变化幅度很小。栅瓣电平可以视为单元因子 $EF(\theta,\varphi)$ 对阵因子 $AF(\theta,\varphi)$ 在不同角度下的"幅度调制"。当 $2\lambda_0<d<3\lambda_0$ 时，栅瓣电平在 $-25\sim-20$ dB 的范围内波动。这是由于，此时阵因子的栅瓣均在单元因子主波束外并且恰好落入单元因子副瓣包络内（见图 6.28（a））。当 $d>4\lambda_0$ 时，栅瓣电平逐渐增大。这是由于，此时阵因子的栅瓣均在单元因子主波束内并且逐渐靠近 $\theta=0°$。

当透镜相控阵天线在某一确定的子区域范围内进行波束扫描时，会由以下两个因素导致高副瓣和角度模糊问题。第一个因素是阵列扫描时窄波束的单元因子使得主波束增益下降过快，同时使副瓣电平增大过快；第二个因素是过大的阵元间距使得阵因子的栅瓣落入单元因子的主波束范围内。

图 6.29（a）给出的是第一个因素对阵列天线波束扫描的影响，其中阵元间距 $d=2\lambda_0$ 且馈电点位置 $s=0$ mm。可以看出，相比于阵列波束指向 $u=0°$，当 $u=6.5°$ 时，方向图的副瓣电平从 -18.6 dB 增大到 -8.2 dB。这是由于 u 从 $0°$ 变化到 $6.5°$ 时，单元因子的增益降低了 2.9 dB，而阵因子的副瓣从 -8.1 dB 增大到 -1.0 dB。因此，当阵列天线扫描到单元因子半功率覆盖范围的边界时，副瓣电平会明显增大。

图 6.29（b）给出了 $u=6.5°$ 时，改变阵元间距 d 对阵列方向图的半功率波束宽度 θ_{HPBW} 和副瓣电平的影响，其中馈电点位置 $s=0$ mm。可以看出，当 d 增大时，阵列天线获得了更大的口径，使 θ_{HPBW} 从 $7.9°$ 减小到 $2.9°$，这有益于提高角度分辨率。但是，如果阵元间距过大则将产生上文提到的第二个导致角度模糊的因素，即阵因子的栅瓣落入单元因子的主波束范围内。从仿真结果可以看出，当 $d=4\lambda_0$ 时，副瓣电平约为 -0.8 dB，几乎与阵列的主波束增益相等，这在实际应用中极易产生角度模糊。当 $d<2.8\lambda_0$ 时，副瓣电平可以控制在 $-10\sim-8$ dB 之间。因此，在实际设计中应适当放宽对角度分辨率的要求，以获得更低的副瓣。但需要注意，上述分析结果是在 PMFE 透镜天线作为理想点源的条件下得到的，没有考虑透镜天线自身的实际尺寸。因此，为兼顾辐射性能与物理可实现性，本案例将透镜相控阵天线的阵元间距 d 设为 $2\lambda_0$。

图 6.29（c）给出了阵元间距 $d=2\lambda_0$ 时，不同馈电点位置 s 对应的阵列天线波束扫描特性。由于 PMFE 透镜的结构具有对称性，图中只给出了正半空间（$0°<\theta<90°$）的仿真结果。可以看出，除 $s=0$ mm 外，在每个馈电点位置下，相应的子区域角度覆盖范围约为 $11°$。在扫描角度逐渐增大的过程中，θ_{HPBW} 从 $6°$ 增大到 $13.8°$，这使得阵列天线的半功率波束覆盖范围扩大到了 $\pm73.9°$。值得关注的是，阵列天线副瓣电平的最大值和最小值分别为 -8.2 dB 和 -18.6 dB，副瓣电平的整体变化趋势是不断起伏的。由于单元因子的窄波束特性，在每个子区域范围内，当 $u=u_{EF}$ 时，阵列天线的副瓣电平最低。

在工程实现层面，由于全金属 PMFE 透镜天线的中心工作频率为 28 GHz，而其直径 $2R_u$ 为 60 mm（约 $5.6\lambda_0$），超过了阵元间距 $d=2\lambda_0$ 的设计值。为保证物理可实现性，相控阵天线整体采用沿 y-z 平面的上下两层交错排布方式（见图 6.24），并且将透镜沿 y 轴切割以缩小尺寸。由于切割后的透镜天线仍需满足通过改变馈电点位置以切换波束指向的要求，因此，研究切割前后透镜天线内部电场的变化非常重要。切割后的 PMFE 透镜沿 y 轴的长度 L_u 设为 41 mm（约 $3.7\lambda_0$），如图 6.30 所示。

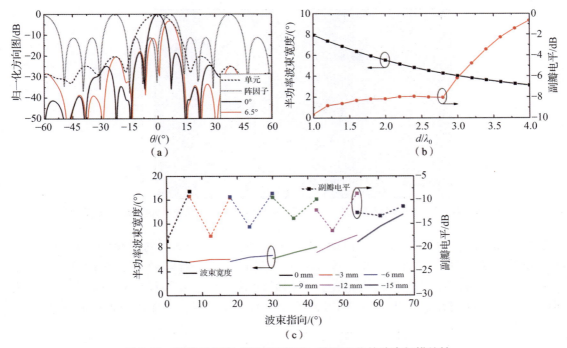

图 6.29 当阵元间距 d 取不同值时，阵列天线的波束扫描特性

(a) $d=2\lambda_0$，$u=6.5°$；(b) d 取不同值，$u=6.5°$；(c) $d=2\lambda_0$，u 取不同值

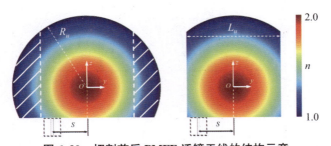

图 6.30 切割前后 PMFE 透镜天线的结构示意

图 6.31 给出了透镜天线在切割前后的电场分布变化情况。可以看出，切割后的 PMFE 透镜天线仍然具有宽角扫描能力。当馈电点位置 $s=0$ mm 时，在 PMFE 透镜内部，E_x 主要集中在 $\theta=0°$ 附近。当馈电点位置向透镜两侧移动时，电场能量集中在平行板边缘的部分区域而不是整体。在切割后的分界面上，从透镜内到透镜外，等效折射率突变为 1，使分界面附近的电磁波存在振荡和反射。因此，相比全尺寸透镜天线，切割后天线的电场等相位面存在一些波动，这会略微影响天线的方向性。此外，等效折射率突变使得电磁波在分界面处被截断，而不是平滑渐变，这在一定程度上抑制了能量向其他非辐射方向的扩散，有助于改善天线单元的副瓣电平。

图 6.32（a）给出了切割前后透镜天线的多波束方向图。当馈电点位置 $s=-15$ mm 时，切割前后天线增益相差约 0.9 dBi，而对于其他馈电点位置，天线增益的变化几乎可以忽略。此外，对于全尺寸透镜天线，s 分别取 0 mm，−12 mm 和 −15 mm 时，副瓣电平分别为 −20.3 dB，−13.3 dB 和 −10.8 dB，而切割后透镜天线的副瓣电平则分别减

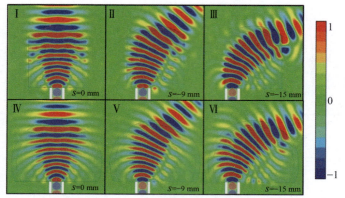

图 6.31　28 GHz 时，切割后（Ⅰ~Ⅲ）与切割前（Ⅳ~Ⅵ）透镜天线内部 E_x 分布情况

小至 −21.6 dB，−13.6 dB 和 −14.3 dB。天线增益和副瓣电平的变化特点对应了上一段的分析结果。图 6.32（b）进一步给出了切割天线单元对阵列天线 H 面波束扫描方向图的影响。与全尺寸阵列天线相比，切割后的透镜相控阵天线仍然可以获得近似相同的主波束，且副瓣电平从 −13.3 dB 减小至 −16 dB 以下，整体辐射性能得到改善。

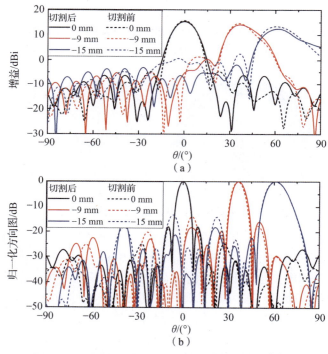

图 6.32　切割后透镜天线在 28 GHz 的辐射特性
（a）透镜单元方向图；（b）透镜阵列方向图

综上所述，将上下两层交错的阵列布局方式和切割后的透镜天线代入阵列天线设计中，得到更具有物理可实现性的 1×4 透镜相控阵天线模型，如图 6.33 所示，其部分尺寸参数见表 6.1。平行板波导内的多层薄介质壳可以用来近似模拟 PMFE 透镜的梯度

折射率分布，每层介质壳的介电常数 $\varepsilon_r(r)$ 可以通过下列公式计算：

$$\varepsilon_r(r) = [n_{\text{MFE}}(r)]^2 = \left[\frac{2}{1+(r/R_u)^2}\right]^2 \tag{6.8}$$

式中，n_{MFE} 为 MFE 透镜的折射率分布函数。

此外，可以在平行板的边缘额外设计一圈渐变张角结构，以改善透镜天线单元与自由空间的阻抗匹配。

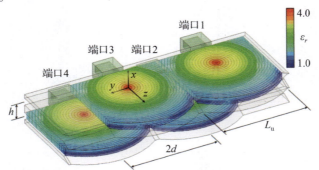

图 6.33　基于分层介质壳的 PMFE 透镜天线单元及阵列

表 6.1　透镜相控阵天线的部分尺寸参数

尺寸参数	d	h	L_u
数值/mm	21.5	7.56	41.0

图 6.34 给出了 y-z 平面（$\varphi = 90°$）的阵列波束指向分别为 $0°$，$12.5°$，$23.5°$，$36°$，$47°$ 和 $61°$ 时的三维方向图。这六个波束指向对应的馈电点位置 s 分别为 0 mm，−3 mm，−6 mm，−9 mm，−12 mm 和 −15 mm。从整体上看，由于阵列天线的口径具有沿 x 轴短、沿 y 轴长的特点，因此其方向图均为扇形波束。尽管上下两层交错的单元排布方式使得透镜相控阵天线更加紧凑，但沿 x 轴错开的距离 h 使得扇形方向图在宽波束维度存在一定的非对称性，且这种现象越靠近 x-z 平面（$\varphi = 0°$）越明显。此外，交错排布也使得阵列方向图在 $0° < \varphi < 90°$ 范围内的某些角度形成副瓣。以图 6.34（a）为例，副瓣电平为 −11.6 dB 并出现在 $(u, v) = (-0.2, -0.4)$ 处，即 $(\theta, \varphi) = (-26.6°, -63.4°)$。这是由于这些角度对应的平面上，相邻天线单元的距离超过了 $0.5\lambda_0$ 甚至是 $1.0\lambda_0$，根据阵列合成原理，在这些角度附近会相应地产生副瓣。本章重点讨论的是透镜相控阵天线的一维波束扫描性能，对三维方向图的优化在未来与实际应用需求相结合后进一步研究。

6.2.3　子阵单元

全金属 PMFE 透镜天线单元采用在平行板内部加载高度不同的等间距金属柱实现，如图 6.35 所示。由于平行板两侧均有亚波长尺寸的金属柱阵列，因此，该 PMFE 透镜支持的基模为准 TEM 模，这与 6.1.2 节所述基于表面波的透镜天线有所不同。此外，由于平行板结构关于 y-z 平面具有良好的对称性，因此，透镜天线的 E 面和 H 面方向图更加对称且 E 面不会出现波束上翘现象，这有利于阵列天线的波束合成。PMFE 透镜天线沿 y 轴的长度 L_u 为 41 mm，约 $3.83\lambda_0$（对应工作频率为 28 GHz）。

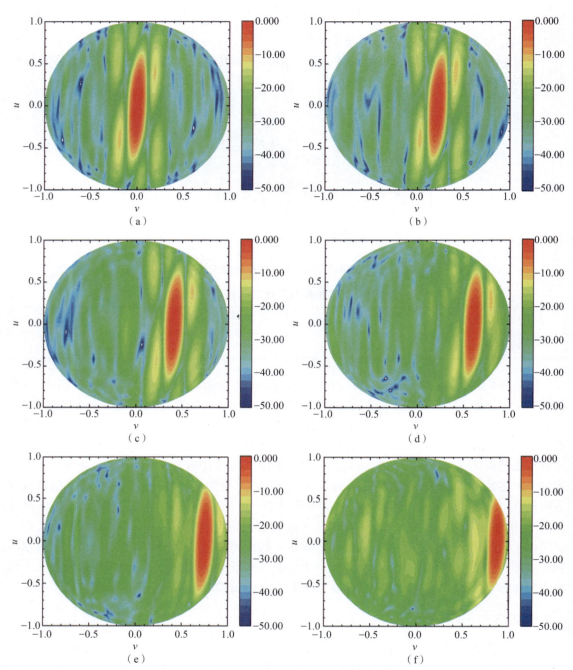

图 6.34 当频率为 28 GHz 时,阵列天线在不同波束指向下的三维方向图
(a) 0°;(b) 12.5°;(c) 23.5°;(d) 36°;(e) 47°;(f) 61°

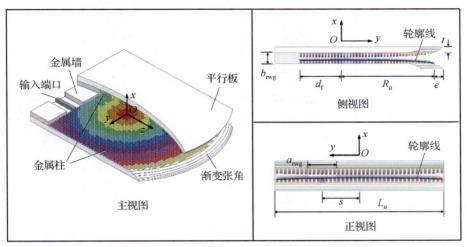

图 6.35　基于准 TEM 模的 PMFE 透镜天线结构示意图

输入端口放置在距离透镜中心 $d_f = 0.45R_u$ 的切割线上。输入端口采用双脊波导结构以提高电磁波的馈入效率并改善阻抗匹配，其横截面尺寸为 $a_{rwg} b_{rwg}$。除输入端口外，在 $d_f = 0.45R_u$ 切割线上放置金属墙可以屏蔽电磁波向 $-z$ 方向的泄漏，从而减小对后级移相电路的影响。平行板边缘的渐变张角结构设计成倾角连续变化的轮廓，以扩展透镜天线的阻抗带宽。透镜天线的部分尺寸参数见表 6.2。

表 6.2　透镜天线的部分尺寸参数

尺寸参数	L_u	R_u	d_f	e	t	a_{rwg}	b_{rwg}
数值/mm	41	30	13.5	3	2	7.12	3.56

为实现 PMFE 透镜所需的梯度折射率分布，对平行板波导内部每个周期单元的金属柱高度进行优化设计。图 6.36 给出了金属柱高度 h_c 对应的周期单元等效折射率的调控结果，其中，金属柱间距 p_c 和边长 d_c 分别为 1.0 mm 和 0.5 mm。当频率为 28 GHz，h_c 从 0.2 mm 增大到 1.5 mm 时，等效折射率从 1.01 提高到 2.08。在每个特定的金属柱高度下，等效折射率从 24 GHz 到 32 GHz 的变化率不超过 12%。这表明所用周期单元可以满足 PMFE 透镜的折射率分布要求（$1 < n_{MFE} < 2$），并具有宽频带的潜力。

根据图 6.36 的仿真结果，图 6.37 给出了 MFE 透镜内部沿径向的金属柱高度 h_c 及等效折射率变化情况。可以看出，h_c 的取值范围在 0~1.475 mm 之间，且具有从透镜中心（$r = 0$）沿径向逐渐减小的特点。需要注意，该周期单元的等效折射率变化具有离散性。此外，为降低加工难度，金属柱高度沿径向以 3 mm 为一组设为相同值，因此，透镜内部金属柱的实际轮廓线为多段阶梯的折线。为评估多段折线对折射率分布的影响，图 6.37 分别给出了透镜在不同频率下沿径向的等效折射率曲线。当频率为 28 GHz 时，实际折射率分布与理论曲线基本吻合。当频率低于或高于 28 GHz 时，透镜中心附近的等效折射率变化较大。具体来说，在 26~30 GHz 频段内，$r = 0$ 的等效折射率从 1.94 增大到 2.04（变化率为 5%），这会对透镜天线的方向图形状和波束指向产生较小影响。

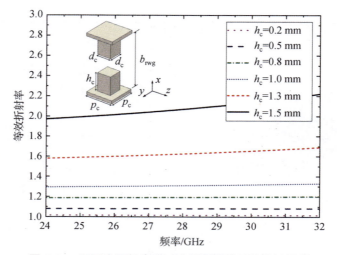

图 6.36　不同金属柱高度对应的周期单元等效折射率

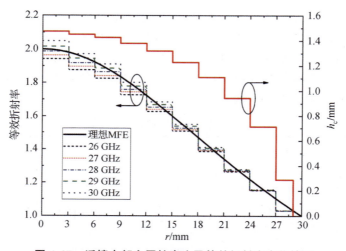

图 6.37　透镜内部金属柱高度及等效折射率变化情况

PMFE 透镜是在全尺寸 MFE 透镜的 $d_f = 0.45 R_u$ 处进行直线切割得到的,切割线上各点的等效折射率最大值 ($r = d_f$) 和最小值 ($r = \sqrt{(d_f)^2 + (L_u/2)^2}$) 分别为 1.66 和 1.16,均表现为慢波。如果采用矩形波导给 PMFE 透镜直接馈电,由于 TE_{10} 模是快波,因此输入端将存在波矢失配,这会增大透镜天线的反射系数。但是与矩形波导相比,脊波导由于凸缘电容效应具有更低的等效阻抗,可用作矩形波导与其他导波结构之间的过渡,起到阻抗变换的效果。图 6.38(a) 给出了分别采用矩形波导和双脊波导馈电的透镜天线对阻抗匹配的影响,其中脊的宽 w_r 和高 h_r 分别为 1.0 mm 和 1.2 mm。可以看出,对于所有的馈电点位置,采用双脊波导的透镜天线可以使反射系数从 $-8.7 \sim -4.8$ dB 降低至 -12.9 dB 以下,阻抗匹配得到明显改善。为便于与后级移相电路匹配,透镜天线输入端的双脊波导经脊阶梯变换结构过渡为 WR28 标准矩形波导,其结构示意及性能如图 6.38(b) 所示。每级阶梯的宽度均为 w_r,其长度和高度见表 6.3。由仿真结果可知,在 26~30 GHz 频段内,阶梯变换结构的回波损耗超过 20 dB 且插入损耗在 0.03 dB 以下,体现了良好的过渡效果。

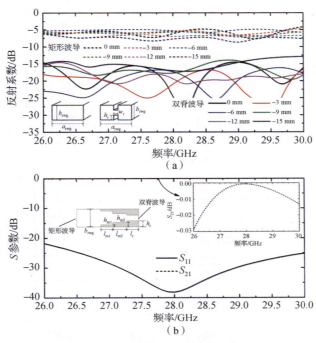

图 6.38　透镜天线馈电性能优化

(a) 分别采用矩形波导与双脊波导馈电的 S 参数；(b) 脊阶梯变换结构的 S 参数

表 6.3　脊阶梯变换结构的尺寸参数

尺寸参数	h_{m1}	h_{m2}	l_{m1}	l_{m2}	l_r
数值/mm	0.4	0.5	2.3	2.7	2.3

图 6.39 (a) 给出了基于准 TEM 模的 PMFE 透镜天线辐射方向图，其中工作频率为 28 GHz。当馈电点位置 s 以 3 mm 为步进从 0 mm 移动到 -15 mm 时，天线主波束指向从 0°扫描到 62.5°，略大于图 6.32 (a) 中切割后的理想透镜天线波束扫描范围。此外，透镜天线的副瓣电平均低于 -12.1 dB，增益在 12.8 ~ 15.0 dBi 之间，且在半功率波束覆盖范围内的增益变化小于相邻波束的交叠电平。上述结果表明，基于准 TEM 模的 PMFE 透镜可应用于透镜相控阵天线的单元设计中。

图 6.39 (b) 给出了透镜天线在不同频率的辐射特性，包括波束指向和半功率波束宽度的变化情况。在 26 ~ 30 GHz 频段内，波束指向随频率变化较小。当馈电点位置靠近透镜边缘（如 s 为 -12 mm，-15 mm）时，半功率波束宽度随频率产生了起伏。从整体上看，靠近中心和边缘处馈电的半功率波束宽度变化范围分别为 12°~ 16°和 17°~ 21°。由图 6.27 (a) 的仿真结果可知，每个馈电点位置对应的子波束覆盖范围均在 11°~ 12°之间，因此，从透镜边缘处馈电引起的波束宽度起伏对阵列波束合成效果的影响不大。

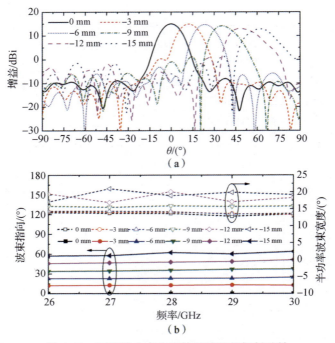

图 6.39 不同馈电点位置的透镜天线辐射特性
（a）方向图；（b）波束指向与半功率波束宽度

6.2.4 样件案例

在透镜相控阵天线的实际应用中，4 个单元对应的 4 个馈电端口都需要连接有源组件，并利用模拟或数字移相技术控制相邻端口的相位差 α_y。在本案例中，为初步验证透镜相控阵天线方案的可行性，采用如图 6.40 所示的无源移相网络对 4 个透镜天线单元进行馈电。移相网络是基于微带传输线设计的，包括微带线、介质基板、金属地和"微带—波导"转换结构 4 个部分。该微带移相网络的核心是"一分四"功分器，控制功分器各个支节的长度使 4 个支路的相位差不同而路径损耗近似相同。射频信号经功分器的合路口分成四路信号，然后分别以均匀相位差馈入端口 1～端口 4。为尽量减小射频信号在功分器中的衰减，介质基板选取了厚度为 0.508 mm 的 Rogers 4003C 板材（介电常数为 3.55，损耗角正切为 0.003）。需要注意，受限于微带线的色散特性，微带功分器各个支路的相位在不同频率下存在微小差异。因此，本案例所用无源移相网络是以 28 GHz 为中心频率设计的，并且在测试过程中重点关注 28 GHz 频率点的波束扫描性能。

"微带—波导"转换器的结构示意如图 6.41 所示，其部分尺寸参数见表 6.4。微带线末端的射频信号经介质基板耦合到矩形波导内，并通过 E 面波导转弯和脊阶梯变换结构传输到透镜天线的双脊波导馈源上。需要注意的是，矩形波导的基模为 TE_{10} 模，而微带线传输的是准 TEM 模。为提高模式转换效率，微带线末端设计为 $w_p l_p$ 矩形贴片的形式以实现阻抗变换，并在金属地上刻蚀出与波导横截面等大的矩形，以减小电磁波在金属地的反射。为减少电磁波在介质基板和自由空间的泄漏，高度为 h_b 的反射背腔盖在微带贴片上，且微带贴片的四周加载了等间距的金属化过孔。

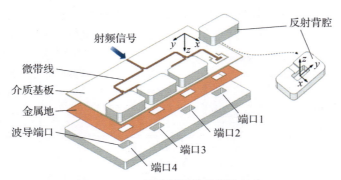

图 6.40 无源移相网络的结构示意

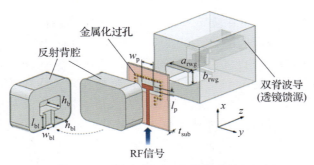

图 6.41 "微带—波导"转换器的结构示意

表 6.4 "微带—波导"转换器的部分尺寸参数

尺寸参数	h_b	l_{bl}	w_{bl}	h_{bl}	w_p	l_p	t_{sub}
数值/mm	4.0	3.7	3.0	1.0	3.6	1.2	0.508

图 6.42 所示为基于微带功分器的移相网络结构示意。从整体上看,移相网络具有"一分二、二分四"的两级功分器结构特征,且相邻输出端口的距离等于天线单元间距 d。功分器所用微带线宽度 w_1 为 1.0 mm,对应的特性阻抗 Z_0 为 50 Ω。通过调整功分器上沿 y 轴的各支节长度,可以控制合路口到各个输出端口的波程差,从而改变相邻输出端口间的相位差。具体来说,从端口 1~端口 4 的波程差 Δl_{MS} 和相位差 α_y 满足如下关系式:

$$\Delta l_{MS} = \frac{\lambda_{MS}}{2\pi}\alpha_y = \frac{\alpha_y}{k_{MS}} \tag{6.9}$$

式中,λ_{MS} 为微带线在 28 GHz 频率点的导波波长。

在图 6.42 中,与端口 1~端口 4 相对应的支路长度 l_{MS1},l_{MS2},l_{MS3} 和 l_{MS4} 可以表示如下:

$$\begin{cases} l_{MS1} = \frac{3}{2}d - \mathrm{ps}_1 \\ l_{MS2} = \frac{3}{2}d - \mathrm{ps}_1 + 2\mathrm{ps}_2 \\ l_{MS3} = \frac{3}{2}d + \mathrm{ps}_1 - 2\mathrm{ps}_2 \\ l_{MS4} = \frac{3}{2}d + \mathrm{ps}_1 \end{cases} \tag{6.10}$$

式中，ps_1 和 ps_2 分别为第一和第二级"一分二"功分器的被压缩支路长度。

由相邻端口的等相位差条件可得 $l_{MS3} - l_{MS2} = l_{MS2} - l_{MS1}$，即 $ps_1 = 3ps_2$。

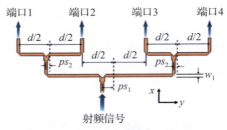

图 6.42 基于微带功分器的移相网络结构示意

图 6.43（a）给出了"微带—波导"转换器的回波损耗和插入损耗仿真结果。除部分高频点外，转换器在工作频段内的 $|S_{11}|$ 均低于 -10 dB，且在 28.1 GHz 达到了 -30 dB 的最小值。在 27~29 GHz 频段内，仿真结果的插入损耗在 0.3~0.6 dB 之间，说明电磁波的转换效率为 87%~93%。图 6.43（b）给出了透镜相控阵天线在不同扫描角度下的尺寸参数 ps_1 和 ps_2 设计结果。可以看出，由于移相网络关于 x 轴具有非对称特点，因此，为获得较准确的波束指向，ps_1 和 ps_2 在数值上仅近似满足 3∶1 的关系。当 $d = 2\lambda_0$ 时，由式（6.7）和（6.9）可得，相位差与波程差的极限变化范围分别为 $-4\pi < \alpha_y < 4\pi$ 与 $-2\lambda_{MS} < \Delta l_{MS} < 2\lambda_{MS}$，但过大的波程差会增大 4 个支路间的幅度差。因此，ps_1 和 ps_2 均是在式（6.9）计算结果的基础上，对 Δl_{MS} 关于 $\pm \lambda_{MS}$ 取模得到的，这样可以将相邻端口间的波程差控制在 $-\lambda_{MS}$ ~ $+\lambda_{MS}$ 之间。

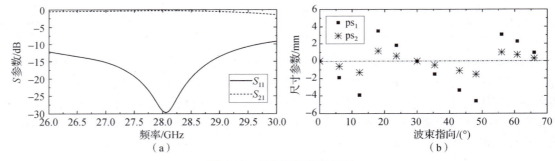

图 6.43 移相网络设计结果

（a）"微带—波导"转换器 S 参数；（b）不同扫描角度对应的支节尺寸

对透镜相控阵天线的单元和阵列辐射性能分别进行测试验证。对于天线单元，测试过程将重点关注每个单元的回波损耗、单元间互耦，以及阵中单元和边缘单元方向图的变化情况。对于阵列天线，由于馈电结构采用的是无源移相网络，因此测试结果包含了不同移相网络的合路口反射系数、阵列波束扫描方向图以及相应的天线增益变化情况。图 6.44 给出了带移相网络的透镜相控阵天线实物样件，并分别给出了天线单元内部的金属柱、$d_f = 0.45 R_u$ 的馈电平面、双脊波导馈源，以及馈电波导阵列的细节放大图。无源移相网络是利用螺钉固定在馈电波导阵列上的，并通过安装在合路口的 End Launch 连接器（2.92 mm 同轴接头）与矢量网络分析仪相连。

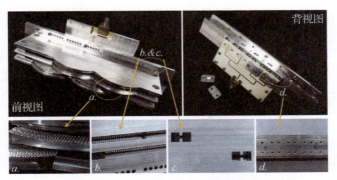

图 6.44　带移相网络的透镜相控阵天线实物样件

为了模拟馈电点位置分别为 0 mm，-3 mm，-6 mm，-9 mm，-12 mm 和 -15 mm 这 6 种情况，在 1×4 透镜天线阵列的边缘，以 3 mm 为间隔加工了 6 组金属孔。在测试过程中，可以选取不同组的金属孔并配合相应的移相网络完成单元和阵列的辐射性能测试。

为了充分验证透镜相控阵天线的波束扫描性能，采用印制电路板（PCB）工艺加工了 12 组具有不同相位差的无源移相网络，对应的阵列波束指向 u 分别为 0°，5°，12°，17°，24°，29°，36°，43°，48°，55°，61°和 66°，如图 6.45 所示。

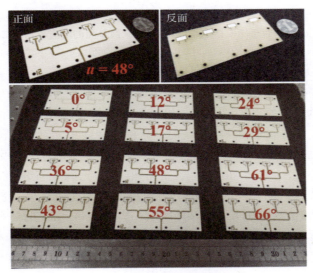

图 6.45　无源移相网络的实物

首先给出透镜相控阵天线的阵元和阵列 S 参数结果。

图 6.46 给出了各个透镜天线单元在 26~30 GHz 频段内回波损耗的仿真与测试结果。如图 6.46（a）所示，当馈电点位置 $s=0$ mm 时（即在透镜的中心对称面处馈电），每个天线单元反射系数的实测结果均低于 -12.8 dB，反射系数的仿真结果均低于 -13.6 dB。从整体的变化趋势上看，仿真与测试结果基本吻合。对于 1×4 的排列方式，透镜单元 1 和透镜单元 4 处于阵列的边缘，而透镜单元 2 和透镜单元 3 则位于阵列中，这将导致透镜单元 1 和透镜单元 4 与透镜单元 2 和透镜单元 3 的边界条件存在一定的差异。从图 6.46（b）和图 6.46（c）给出的在不同馈电点位置下各单元回波损耗的测试结果可以看出，透镜单元 1 和透镜单元 4 具有一定的一致性，而透镜单元 2 和透镜单元 3 则更相似。虽然边界条件不尽

相同，但在整个工作频段内，这4个透镜单元随馈电点位置变化的反射系数均低于-10 dB，体现了良好的阻抗匹配效果。

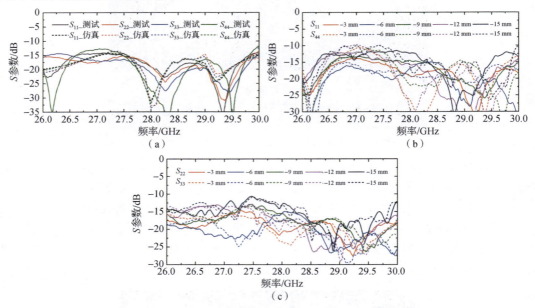

图6.46 对于不同馈电点位置s，各天线单元的仿真与测试结果

(a) $s=0$ mm 时单元1～单元4的反射系数；(b) s 取不同值时单元1和单元4的反射系数；
(c) s 取不同值时单元2和单元3的反射系数

天线单元间的隔离度直接影响阵列天线在大角度扫描时的增益和辐射效率。单元间的互耦主要来自邻近单元间的直接耦合和非相邻单元间的空间耦合。图6.47给出了馈电点位置s分别为0 mm，-6 mm 和 -15 mm 时对应的各天线单元互耦实测结果。对于较小的扫描角度，邻近单元间的直接耦合占主导地位。以$s=0$ mm 为例（见图6.47（a）），相邻单元间的互耦在 $-28\sim-33$ dB 之间，而非相邻单元间的互耦在大部分频段均小于 -40 dB。随着馈电点位置的移动，透镜单元的辐射波束逐渐向大角度扫描，此时非相邻单元间的空间耦合逐渐增大。如图6.47（c）所示，当$s=-15$ mm 时（此时天线单元的波束指向约为61°），邻近单元间的互耦在大部分频段均小于 -30 dB，而非相邻单元间的互耦在部分频段则达到了 -25 dB。

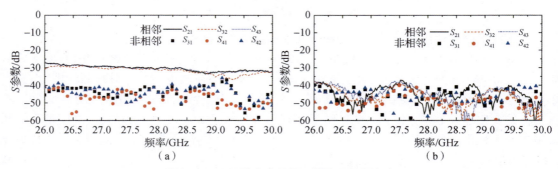

图6.47 不同馈电点位置s的阵元间隔离度

(a) $s=0$ mm；(b) $s=-6$ mm

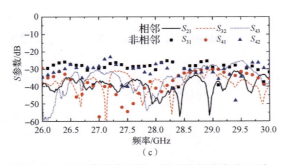

图 6.47 不同馈电点位置 s 的阵元间隔离度（续）

(c) $s = -15$ mm

图 6.48 给出了当 PMFE 透镜阵元被机械预置到不同馈电点位置后，通过加载不同相位差的移相网络，阵列天线在合路口的回波损耗测试结果。可以看出，合路口的反射系数在整个频段内均低于 -10 dB，获得了良好的阻抗匹配。

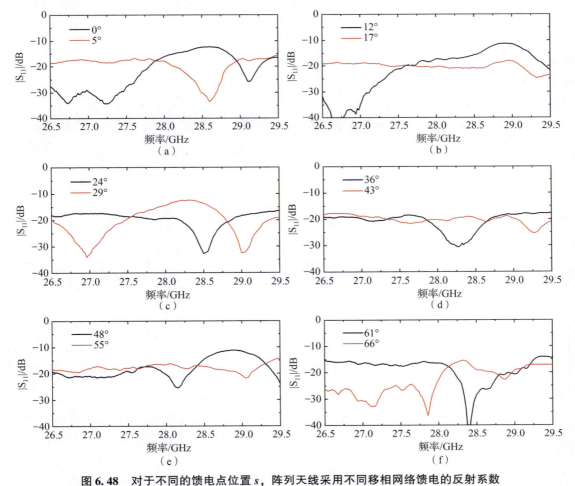

图 6.48 对于不同的馈电点位置 s，阵列天线采用不同移相网络馈电的反射系数

(a) $s = 0$ mm；(b) $s = -3$ mm；(c) $s = -6$ mm；(d) $s = -9$ mm；(e) $s = -12$ mm；(f) $s = -15$ mm

接下来给出单元和阵列方向图的测试结果。

根据透镜相控阵天线的结构对称性,图 6.49 给出了馈电点位置 $s=0$ mm 时,位于阵列边缘的天线单元(透镜单元 1、透镜单元 4)和位于阵列中的天线单元(透镜单元 2、透镜单元 3)在 E 面($\phi=0°$)、H 面($\phi=90°$)的方向图测试结果,以说明上下两层交错排布的阵列组织方式对天线单元辐射性能的影响。可以看出,4 个天线单元均实现了扇形波束辐射且在 H 面的主波束指向均为 $0°$,其性能参数见表 6.5。需要注意,由于透镜单元 1、透镜单元 3 和透镜单元 2、透镜单元 4 分别位于上下两层,因此,它们在 E 面的主波束指向分别在 $+5.5°$ 和 $-5.0°$ 附近,相对轴向有较小偏离。

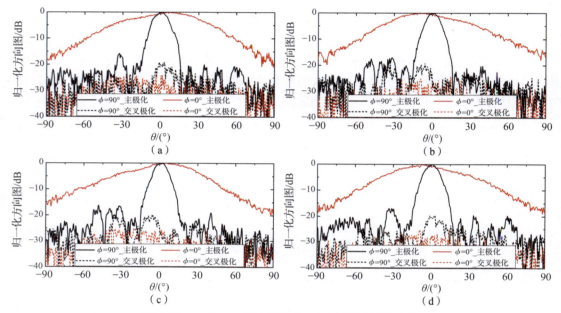

图 6.49　$s=0$ mm 时对应的 28 GHz 天线单元方向图
(a)透镜单元 1;(b)透镜单元 2;(c)透镜单元 3;(d)透镜单元 4

表 6.5　天线单元在 28 GHz 的 H 面辐射性能参数

透镜单元编号	半功率波束宽度/(°)	副瓣电平/dB	交叉极化电平/dB
1	12.5	-15.8	-19.1
2	11.0	-17.0	-19.7
3	11.2	-16.4	-22.0
4	12.1	-16.4	-19.1

图 6.50 给出了在不同馈电点位置,透镜单元 1~透镜单元 4 在 28 GHz 频率点的实测波束扫描性能,以对比天线单元位于阵列边缘和阵列中的两种情况。可以看出,4 个透镜单元的主波束一致性较好。位于阵列边缘的透镜单元 1 和透镜单元 4 的方向图具有一定的相似性,而位于阵列中的透镜单元 2 和透镜单元 3 的方向图几乎相同。相对于 $0°$ 波束指向,在本节给出的最大阵列测试角度 $66°$ 方向上,透镜单元的增益损耗约为 -3.2 dB。

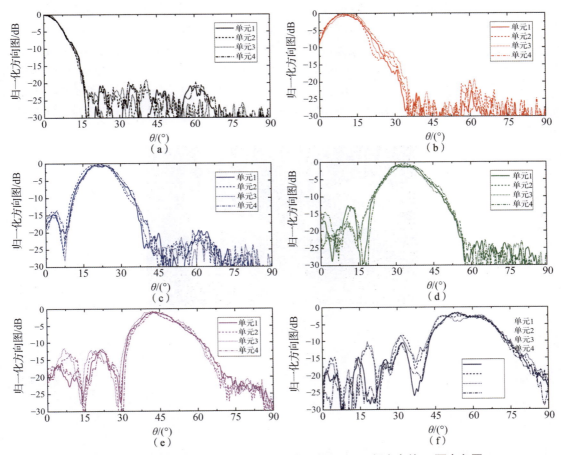

图 6.50 对于不同馈电点位置 s，天线单元在 28 GHz 频率点的 H 面方向图

(a) $s=0$ mm; (b) $s=-3$ mm; (c) $s=-6$ mm; (d) $s=-9$ mm; (e) $s=-12$ mm; (f) $s=-15$ mm

如图 6.51 所示，当馈电点位置 s 从 0 mm 逐渐移动到 −15 mm 时，透镜单元天线在主波束指向角度的增益损耗约为 −2.2 dB，而在阵列边界条件下单元 1～单元 4 的增益损耗分别为 −3.0 dB、−2.7 dB、−2.6 dB 和 −3.2 dB。在阵列边界条件下，当透镜单元扫描到大角度时，部分电磁波耦合到其他透镜单元上而未有效地向自由空间辐射，导致单元方向图的波束宽度变窄，从而使各天线单元的增益存在差异。

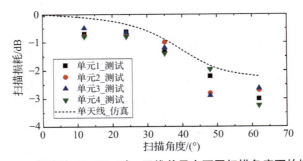

图 6.51 频率为 28 GHz 时，天线单元在不同扫描角度下的增益

为获得阵列方向图性能，透镜相控阵天线以图 6.52 所示的方式放置于远场微波暗室。其中，天线的支撑框架采用的是 3D 打印树脂材料。图 6.53 给出了加载 $u=0°$ 移相网络的透镜相控阵天线在 H 面的主极化和交叉极化方向图实测结果。对于 27 GHz，28 GHz 和 29 GHz 三个测试频率点，实测的半功率波束宽度分别为 6.0°、5.8° 和 6.0°，副瓣电平分别为 −14.3 dB、−16.6 dB 和 −17.5 dB，而交叉极化电平均低于 −25 dB。如图 6.53（b）所示，阵列方向图在 28 GHz 的仿真与测试结果吻合得较好，表明该透镜相控阵天线方案具有可行性。

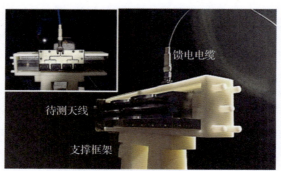

图 6.52　远场测试

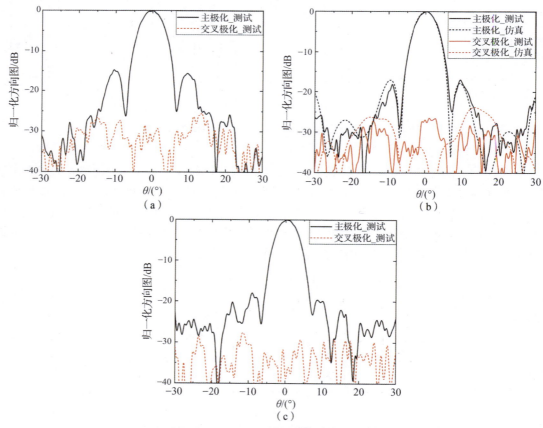

图 6.53　加载 $u=0°$ 移相网络的阵列方向图
（a）27 GHz；（b）28 GHz；（c）29 GHz

通过加载不同的移相网络，图 6.54（a）给出了透镜相控阵天线在 H 面的归一化波束扫描方向图的测试结果，而图 6.54（b）则给出了相应波束指向下的仿真结果。通过依次加载 12 个移相网络，该透镜相控阵天线获得了 0°~+65.5°的波束扫描性能。随着扫描角度的增大，实测半功率波束宽度在 5.8°~10.8°之间，副瓣电平低于 −8.1 dB；仿真半功率波束宽度在 5.6°~13.5°之间，副瓣电平低于 −9.2 dB。仿真与测试结果吻合得较好。根据透镜相控阵天线关于 x–z 平面的对称性，可以预见，当馈电点位置 s 在 −15~+15 mm 之间移动时，通过控制每个透镜单元的相位差，阵列天线的波束扫描角度可以达到 ±65.5°，而半功率波束覆盖范围可以达到 ±70.9°（70.9° = 65.5° + 10.8°/2）。

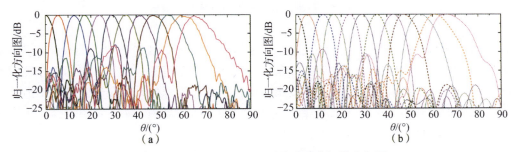

图 6.54　频率为 28 GHz 时阵列波束扫描方向图
（a）测试；（b）仿真

在透镜相控阵天线的增益测试中，无源移相网络将不可避免地把自身的损耗带入整个阵列中，导致增益下降。因此，为准确表征相控阵天线的增益，对移相网络整体的插入损耗进行测试，以便进行后续补偿。移相网络的核心是微带功分器，此外还包括"微带—波导"转换器。为便于与矢网相连，移相网络的两端分别连接了"波导—同轴"转换器和 End Launch 连接器。经过测试，与功分器每条支路的 −6 dB 理想传输损耗相比，移相网络的每条支路额外引入了约 4.1 dB 的插入损耗。其中，微带网络的贡献约为 1.6 dB，其他则来自"微带—波导"转换器（约 0.3 dB）、微带线（约为 0.24 dB/λ_0）、"波导—同轴"转换器（约 0.4 dB）及 End Launch 连接器（约为 0.3 dB）。由于本案例所用微带功分器的支路平均长度为 52 mm（约为 4.9λ_0），因此，微带线损耗在 1.2 dB 左右。剩余约为 0.3 dB 的插入损耗是由对位误差和装配误差造成的。综上所述，移相器的插入损耗不可忽略，在实际测试中需要对阵列天线增益进行补偿。

在补偿了插入损耗后，透镜相控阵天线增益的仿真与测试结果如图 6.55 所示。根据图 6.55（a）可知，当工作频率分别为 27 GHz，28 GHz 和 29 GHz 时，透镜相控阵在 0°指向下的实测增益分别为 19.8 dBi，20.3 dBi 和 19.5 dBi，仿真增益分别为 20.3 dBi，20.7 dBi 和 20.1 dBi，仿真与测试结果吻合得较好。图 6.55（b）给出了不同波束指向下，阵列天线在 28 GHz 的增益测试结果。增益随扫描角度的增大呈现高低往复并逐渐减小的特点。这是由于测试的波束指向交替对应透镜天线单元的主波束和交叠电平所处角度，因此代入了主波束与交叠电平之间的差异。阵列天线的实测和仿真增益分别为 14.7~20.3 dBi 和 16.4~20.7 dBi，整体趋势吻合得较好。根据透镜相控阵天线的物理口径（$A_p = 4(2d \times h) = 1\,300.32\ \text{mm}^2$），计算得到的口径效率在 21.0%~75.9%之间。需要注意，当波束指向从 0°扫描到 +65.5°时，增益的仿真与测试差距逐渐增大，这主要是由树脂支撑框架造成的，在后续应用中可对架设方案进行改进。

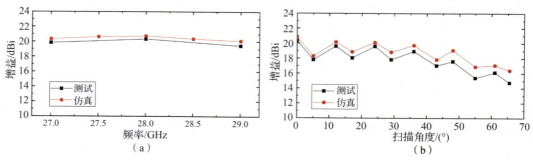

图 6.55　阵列天线增益的仿真与测试结果
（a）27~29 GHz 法向辐射；（b）28 GHz 波束扫描

通过将本案例的研究成果与此前其他基于子阵的相控阵天线进行对比发现，采用 PMFE 透镜天线作为子阵可以显著增大波束扫描角度并覆盖低仰角范围。此外，相比于介质型透镜子阵，由于该方案中透镜天线采用了全金属结构，因此，该阵列天线在整个波束扫描性能的实现中体现出了较高的效率。综上所述，本节介绍的方法与案例为实现宽角扫描、高增益和低成本的毫米波相控阵天线，提供了一种可行的解决方案。

6.3　小　　结

本章在经典 MFE 透镜的基础上进行探讨，主要介绍了基于二维全金属周期单元的 PMFE 透镜天线，并将其作为天线单元，研制了工作在 Ka 波段的基于透镜子阵的相控阵天线，实现了密集且连续的宽角度多波束覆盖。

PMFE 透镜是在距离经典 MFE 透镜中心 $0.45R$ 处进行切割并在切割线处放置馈源得到的。由于 MFE 透镜折射率分布特点，PMFE 透镜在切割线中心附近馈电近似表现为 Gutman 透镜的平面波辐射，而在切割线边缘附近馈电则近似表现为 Eaton 透镜的 90°波束偏转。

本章介绍的首个案例中，通过在金属平板上放置二维金属柱阵列实现基于表面波模式的多波束 PMFE 透镜天线，并利用金属盖板抑制表面波天线的波束上翘问题。实测结果表明，在 33~36 GHz 的工作频段内，透镜天线实现了宽角扫描性能且辐射效率超过 84.6%。当频率为 36 GHz 时，透镜天线在 ±90°范围内的增益均超过 12 dBi。对于所有的馈电端口，反射系数均低于 −12 dB 且端口间隔离度高于 20 dB。

在此基础上进而提出的 1×4 透镜相控阵天线包含了 4 个间距为 $2\lambda_0$ 的全金属 PMFE 透镜天线，其中每个透镜天线均由加载了金属柱阵列的平行板波导构成。为提高波束切换速度，根据透镜单元的波束指向不同，提出机械预置结合电扫描的多波束覆盖工作模式。为满足物理可实现性，4 个透镜单元采用了上下两层交错排布的方式。为验证方案的可行性，设计、加工并测试了工作频率为 28 GHz 的阵列天线原理样件，并获得了 ±65.5°的连续波束扫描及超过 ±70°的半功率波束覆盖范围。实测的阵列天线增益在 14.7~20.3 dBi 之间。这种新型相控阵天线在实现大角度波束扫描的同时，显著减少了有源通道数量，具有明显的成本效益，有望用于毫米波无线通信和雷达系统。

第 7 章
亚毫米波表面波透镜多波束天线

无源多波束天线在 5G 毫米波应用需求下的快速发展，也为其在更高频率的应用奠定了理论基础。6G 时代对亚毫米波的技术需求更加清晰。而受组件形态、器件工艺水平、测试手段等的综合限制，亚毫米波无源多波束天线的技术难度相比毫米波频段有明显提升，因此要提出性能优良、工艺可靠、接口友好、成本可接受的方案，需要从业人员共同努力。

本书结合笔者在科研实践中的尝试，介绍两类可行的亚毫米波无源多波束方案。所介绍的方案均基于全金属结构，完全规避介质材料在亚毫米波频率点带来的介电特性和损耗的不确定性影响，并充分考虑工艺可实现性和性能可表征性。本章将先介绍一类亚毫米波全金属表面波透镜多波束天线。

正如第 6 章所述，金属梯度折射率透镜天线已在毫米波频段广泛研究，但在亚毫米波频段仅有零星报道。以高阻硅为代表的材料在高频段体现出低损耗特点，可以基于刻蚀工艺用于梯度折射率透镜的设计制备并构建多波束天线。然而，由于对工艺的严苛要求以及与标准波导接口的连接难度，其应用场景受到明显限制。因此，具有标准接口和可靠连接方式的全金属解决方案，在亚毫米波频段仍是一种不可忽视的选择。

零星的报道中，提到了基于间距渐变平行板波导的 E 面聚焦龙勃透镜，本章将介绍一种由笔者研究小组提出的 H 面聚焦全金属表面波龙勃透镜和基于该透镜的多波束天线解决方案。

为了满足亚毫米波频段复杂透镜结构中的微米级尺寸误差要求，制备技术是一项重要挑战。体硅微加工技术虽然在亚毫米波频段应用较多，但其刻蚀工艺流程的特点决定了它无法满足渐变高度结构需求。3D 打印技术的兴起，为该问题的解决提供了可能性。具备微米级精度的 3D 打印技术已逐渐商用化，可以用于亚毫米波或低频太赫兹频段的天线和滤波器等器件的制备。亚毫米波多波束天线和 3D 打印技术结合的器件设计与实现，是本章所介绍方案的核心特征。本章首次提出一种能够在 300 GHz 以上频段实现的基于渐变高度金属柱阵列的表面波龙勃透镜，并将其应用于多波束天线设计，完成综合性能的实验表征。

7.1 天线机理

本章介绍的天线由表面波龙勃透镜和矩形波导馈源阵列构成，具备 9 波束能力。馈电波导阵列由两部分组成，分别是采用 3D 打印技术实现的矩形波导槽和采用机械加工实现的金属盖板。天线的结构和相关尺寸参数如图 7.1 所示。透镜通过在金属平面上加载金属柱阵列构成，能够支持 350 GHz 附近频率的表面波传输。

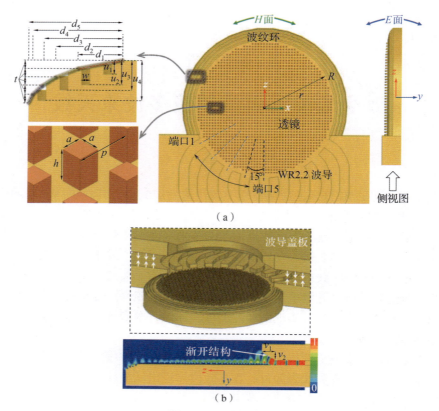

图 7.1 天线示意

(a) 金属表面波透镜多波束天线示意；(b) 波导盖板示意和天线内部电场分布示意

龙勃透镜的折射率分布计算公式如式（7.1）所示。加载了亚波长尺寸金属柱的金属平面可视为慢波结构。如果不考虑损耗，且在其他尺寸均相等的前提下，该慢波结构的传播常数随着金属柱高度的增加而增大。其等效折射率和金属柱尺寸之间的关系如式（7.2）所示。

$$n = \sqrt{2 - \left(\frac{r}{R}\right)^2} \tag{7.1}$$

$$h = \frac{\arctan\left(\dfrac{p\sqrt{n^2-1}}{p-a}\right)}{k_0} \tag{7.2}$$

式中，k_0 为对应频率的自由空间波数。

这种透镜结构，充分利用了 3D 打印技术的优点，在不增加工艺复杂度的情况下，即可轻松实现渐变高度的金属柱阵列。因此，考虑到需要逼近龙勃透镜的折射率分布，金属柱高度的分布情况设计如图 7.2（a）所示。可见，本案例中设计的透镜折射率分布，在 355 GHz 频率点与龙勃透镜的理论情况吻合得很好。

当然，由于该表面波结构具有一定的色散特性，等效折射率分布会随着频率产生一定的变化。图 7.2（b）给出了这种色散造成的透镜边缘辐射口径上的相位分布变化和相应的辐射方向图变化。可以发现，350 GHz，355 GHz 和 360 GHz 对应的口径相位分布相对都比较均匀,符合辐射需求,因此,该天线可以很好地工作在 350~360 GHz 频段内。

此外,由于该透镜为单导体的开放结构,在直接辐射的条件下,方向图会在 E 面出现上翘现象。为了克服该问题,使 E 面最大辐射方向接近 0°仰角,在透镜边缘添加了如图 7.1(a)所示的具有一定坡度轮廓的波纹环结构,对表面波产生引导作用,从而修正了其 E 面辐射方向图。为了举例说明该波纹环结构带来的效果,图 7.2(c)给出了三种情况(水平金属面、坡形金属面和本案例采用的坡形波纹环)下,E 面方向图的仿真结果。可以明显看出,波纹环结构很好地按照设计初衷改变了 E 面方向图的指向,使其接近 0°。

该透镜天线可以由标准尺寸的 WR2.2 矩形波导馈电,并由常规商用仪器进行测试。在馈电波导和表面波透镜连接的交界面附近,设计并添加一段渐开结构,如图 7.1(b)所示。该渐开结构保证了由矩形波导中 TE_{10} 模式到表面波结构中 TM 模式的良好转换。9 段矩形波导馈源按照 15°的角度间隔在透镜边缘均匀排布,从而实现覆盖 ±60°范围内的 9 波束辐射。本案例中,图 7.1(a)和图 7.1(b)所示的尺寸参数值确定如下:$R = 4\,000$ μm,$a = 60$ μm,$p = 160$ μm,$d_1 = 330$ μm,$d_2 = 490$ μm,$d_3 = 590$ μm,$d_4 = 655$ μm,$d_5 = 685$ μm,$u_1 = 100$ μm,$u_2 = 180$ μm,$u_3 = 220$ μm,$u_4 = 300$ μm,$t = 65$ μm,$w = 60$ μm,$v_1 = 800$ μm,$v_2 = 500$ μm。

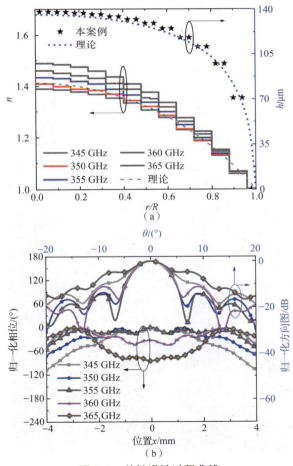

图 7.2 关键设计过程曲线

(a)金属柱阵列的高度分布情况和相应的等效折射率分布情况;(b)天线辐射口径的相位分布情况和相应的辐射方向图

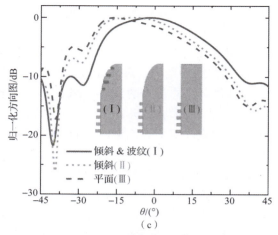

图 7.2 关键设计过程曲线（续）

（c）不同的透镜边缘处理方式对应的 E 面方向图

7.2 天线制备

3D 打印技术在 21 世纪初的发展为诸多行业带来了新的增长点和发展契机。微波器件也是其重要的用武之地。虽然面临的材料特性、加工精度及粗糙度等问题仍困扰着产业化进程，但高频器件与 3D 打印技术的结合越发受到工艺开发者和器件研发者的关注。本案例即是笔者在 2023 年进行的一次亚毫米波多波束天线设计与 3D 打印技术相结合的成功尝试。该表面波透镜天线的基本结构由树脂材料的 3D 打印实现，采用的设备为重庆摩方精密科技股份有限公司的 nanoArch S140 打印机。打印件的外围尺寸为 14 mm×14 mm×1.6 mm，如图 7.3（a）所示。经测量，该打印件的尺寸误差可控制在 ±5 μm 以内。金属表面的形成借助磁控溅射技术实现。考虑到该频段的趋肤深度，溅射的金层厚度为 500 nm。得到的表面波天线待测件如图 7.3（b）所示。

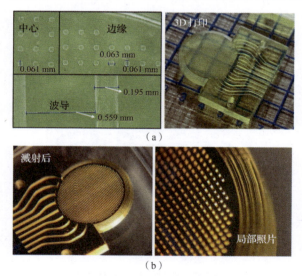

图 7.3 表面波透镜天线

（a）3D 打印结构；（b）金层溅射后

7.3 性能测试表征与讨论

为了采用试验手段表征该多波束天线的多波束辐射特性和端口阻抗匹配特性，对多端口馈电的方向图和端口反射系数进行了测量。如图 7.4 所示，为了能够准确表征样件性能，设计了相应的测试夹具。为了便于与测试仪器的标准端面连接，同时设计了一个由 90°转弯波导和 UG – 387 标准法兰组成的连接器。整个夹具和连接器采用机械加工实现。由于需要测试多个端口对应的多波束性能，为了实现端口切换过程中连接器与待测件的波导精确对准，在夹具端面上设置了两个细销钉，并在连接器端面上设置了一排用来分别与不同端口对准的销钉孔。

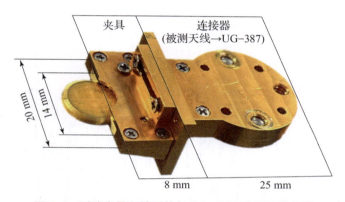

图 7.4　测试夹具和被测件与 UG – 387 法兰间连接器

受端口排布空间的限制，测试过程中的非被测端口未连接匹配负载，这显然会引入非理想因素。但由于端口间的隔离度很好，上述处理并不会对各端口的阻抗匹配特性和相应的辐射特性造成明显影响。如图 7.5（a）所示，各端口之间的隔离度在 350 ~ 360 GHz 频段内均优于 30 dB。从图 7.5（b）中可以看出，虽然在 330 ~ 380 GHz 频段内的阻抗匹配特性都很好，但由于透镜的色散特性，在 350 ~ 360 GHz 频段以外的增益下降很严重，因此，对于辐射特性的测量表征主要聚焦于 350 ~ 360 GHz 频段。

端口反射系数的测试是基于矢量网络分析仪（Keysight N5247B PNA – X）和亚毫米波扩展模块（VDI WM – 570）进行的。考虑到天线结构的对称性，仅测量端口 1 ~ 端口 5 的反射系数。端口 1 在 330 ~ 380 GHz 宽频段内的反射系数的测试结果如图 7.5（b）所示，并与仿真结果共同绘制以作对比。其他端口在 350 ~ 360 GHz 频段内的反射系数测试结果如图 7.5（c）所示。反射系数的测试结果均小于 – 12.5 dB，体现了良好的阻抗匹配特性，并验证了仿真设计结果的正确性。

辐射方向图的测试平台由转台、发射模块和待测件接收模块构成，如图 7.6 所示。该测试环境的搭建和试验的成功实施，要感谢伯明翰大学 Yi Wang 教授、Talal Skaik 博士和 Alex Bystrov 博士的支持。

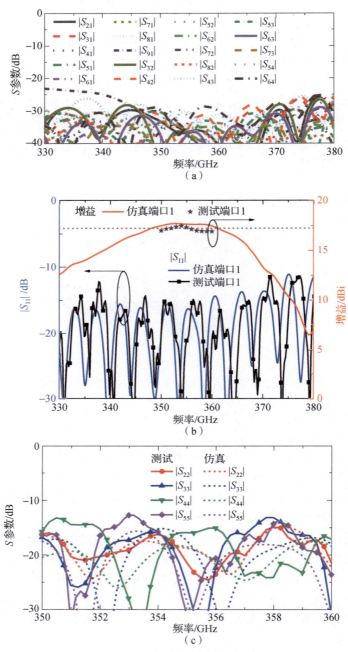

图 7.5　S 参数和增益结果

(a) 端口隔离度仿真结果；(b) 330~380 GHz 频段内，端口 1 馈电时的反射系数和天线增益；
(c) 350~360 GHz 频段内，端口 2~端口 5 的反射系数

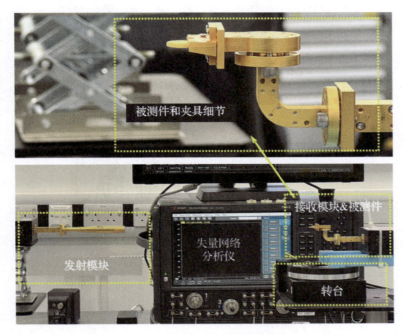

图 7.6 被测天线和测试平台照片

H 面多波束辐射方向图如图 7.7（a）和图 7.7（b）所示。这里测量了 ±30°范围内的方向图情况，可以覆盖主瓣和第一副瓣范围。

图 7.7（a）给出了端口 1～端口 5 分别馈电时，355 GHz 的主极化和交叉极化方向图。可见，测得的多波束辐射特性与设计情况吻合得良好，特别是在主波束范围内。不够理想的是，对应 15°和 60°波束的副瓣电平略高于 -10 dB。对应各端口馈电的半功率波束宽度在 5.7°～6.3°范围内。交叉极化电平均低于 -20 dB，体现了很好的线极化特性。增益的测量是基于比较法进行的。在 355 GHz，对应 0°，15°，30°，45°和 60°波束的增益分别为 17.3 dBi，17.1 dBi，16.7 dBi，16.4 dBi 和 16.1 dBi。多波束的扫描损耗优于 1.2 dB。

0°波束在其他频率点的增益情况已在图 7.5（b）中给出。对其他典型频率点（如 350 GHz，352 GHz，358 GHz 和 360 GHz）的主极化多波束方向图也进行了测量，并在图 7.7（b）中给出，同样体现了很好的多波束特点。

E 面方向图的测试结果如图 7.7（c）所示。大于 32°的半功率波束宽度说明了该天线的扇形波束特征。同时，E 面最大辐射方向接近 0°，也验证了 7.1 节所述的波纹环结构的波束优化作用。

本案例是基于 H 面聚焦透镜的亚毫米波全金属多波束天线的第一次尝试。虽然在工作频段宽度方面尚存在不足之处，但该天线利用透镜的单导体表面波传输特点，避免了盖板的使用和额外的拼接，是一种简洁、可靠的亚毫米波方案。

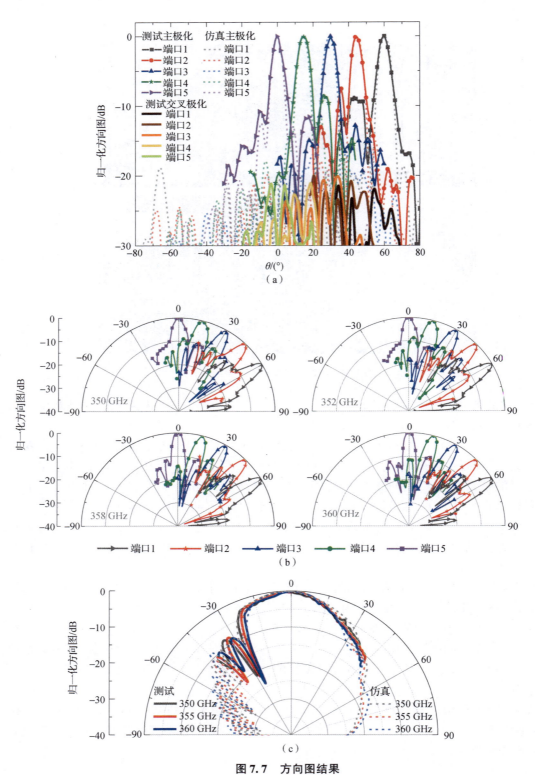

图 7.7 方向图结果

(a) 355 GHz 的 H 面辐射方向图测试和仿真结果;
(b) 350 GHz、352 GHz、358 GHz 和 360 GHz 的 H 面辐射方向图测试结果;(c) E 面辐射方向图测试和仿真结果

7.4 小　　结

本章介绍了一种基于亚毫米波表面波全金属梯度折射率透镜的多波束天线方案。该方案与高精度 3D 打印技术相结合，能够制备出该透镜所需的具有渐变高度的柱体阵列结构，并可以与馈电波导一体实现。本章给出的案例在 350~360 GHz 频段范围内体现了良好的阻抗匹配特性和多波束辐射特性。经过试验验证，多波束范围为 ±60°，增益高于 16 dBi，波束扫描损耗优于 1.2 dB。通过表面波透镜边缘结构的设计，有效地解决了类似表面波结构天线普遍存在的 E 面波束上翘问题。测试结果与仿真结果的吻合性表明该方案具有可行性。同时，本章提出的方案为亚毫米波多波束天线与高精度 3D 打印技术的结合提供了一种崭新的设计思路和技术选择。

第 8 章
亚毫米波全波导网络多波束天线

适合采用金属机械加工工艺实现的亚毫米波无源多波束天线，因结构可靠性和不受介质特性影响的特点，具有实际应用价值，下面将对其进行探讨。矩形波导传输线由于具有低损耗、易加工、高可靠的特点，目前在亚毫米波频段应用广泛。基于矩形波导结构的亚毫米波传输线、滤波器、天线和其他功能器件已有大量报道，具体的实现工艺包括精密数控机械加工、微机械加工和高精度 3D 打印。而由于设计自由度相对较小，且需要与加工工艺特征紧密配合，基于波导型网络这种高可靠结构的亚毫米波多波束天线鲜有报道。应用相对较多的矩阵型多波束网络，由于设计过程较复杂，在进行规模扩展时会显著增加加工的成本与难度，因而限制了其在亚毫米波大规模波束形成网络中的应用。如何解决以上瓶颈问题，正是本章要介绍的重点内容。

8.1 基于多模波导与慢波传输线的亚毫米波多波束天线

8.1.1 多模波导机理

采用串并联矩阵（如巴特勒矩阵、诺兰矩阵等）形式的多波束形成网络，虽然理论较成熟，并且在毫米波及以下频段应用较多，但当设计频率扩展到亚毫米波频段时，这种矩阵式波束形成网络由于包含较多电桥结构和波导支节，尤其包括为阻抗匹配添加的细小结构，因而会面临工艺精度要求过高和加工制备难的问题。

采用多模波导实现的波束形成网络可尽量减少以上细小结构的使用，以免上述矩阵网络在亚毫米波频段应用面临的工艺约束。多模波导不仅具有典型的低损耗、易于加工制作和结构可靠等特点，还兼具形态紧凑的优点。典型的多模波导多波束合成结构由两侧的单模波导与中间加宽的多模波导组成，如图 8.1 所示。其中，加宽多模波导部分可以支持内部多种模式同时传输。

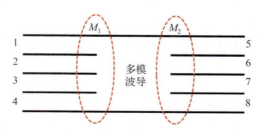

图 8.1 典型的多模波导多波束合成结构

由多模波导组成的波束形成网络可以视为三个相互级联的多端口网络，如图 8.2 所示，其对应的散射矩阵分别为 M_1、A、M_2。其中，散射矩阵 M_1、M_2 分别对应波导两侧用于实现幅度分配的波形器，矩阵 A 对应的多模波导部分主要用于实现电场相位的变换。

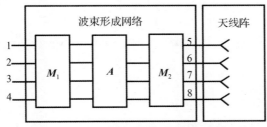

图 8.2　基于多模波导的多波束天线示意

多模波导本身是对称结构，采用多模波导组成的波束形成网络也是对称网络，因此，其散射矩阵满足：

$$[M_1] = [M_2]^\mathrm{T} \tag{8.1}$$

为了简化分析过程，假设无损多模波导结构中传输的电磁波模式数量与其输入端口的数量 N 相等，且端口匹配良好、没有耦合时，其 S 矩阵可以表示为

$$[M_1] = [M_2]^\mathrm{T} = \begin{pmatrix} [0] & [S] \\ [S]^\mathrm{T} & [0] \end{pmatrix} \tag{8.2}$$

$$[A] = \begin{pmatrix} [0] & [B] \\ [B]^\mathrm{T} & [0] \end{pmatrix} \tag{8.3}$$

式 (8.2) ~ 式 (8.3) 中，矩阵 $[S]$ 为波形器散射矩阵 $[M_1]$ 的 N 阶块矩阵，矩阵 $[B]$ 是长度为 z_0 的多模波导段 $[A]$ 的 N 阶块矩阵（$N = 2^r$，$r = 1, 2, \cdots$）。则矩阵 $[B]$ 的每个元素可表示为

$$b_{mn} = \delta_{mn} \mathrm{e}^{\mathrm{j}\beta_n z_0} \tag{8.4}$$

式中，δ_{mn} 为克罗内克 δ（Kronecker delta）函数，当 $m = n$ 时为 1，当 $m \neq n$ 时为 0；β_n 为多模波导中传输的不同模式对应的传播常数，满足 $\beta_1 \geqslant \beta_2 \geqslant \cdots \geqslant \beta_N$，$n = 1, 2, \cdots, N$。

根据式 (8.2) ~ 式 (8.4)，将三个矩阵相互级联可得总散射矩阵为

$$[S_\text{总}] = \begin{pmatrix} [0] & [S][B][S]^\mathrm{T} \\ [S][B][S]^\mathrm{T} & [0] \end{pmatrix} \tag{8.5}$$

若要求总散射矩阵 $[S_\text{总}]$ 成为该多波束天线波束形成网络的散射矩阵，则其需要满足

$$([0] \quad [E])[S_\text{总}] = ([T] \quad [0]) \tag{8.6}$$

式中，$[E]$ 为 N 阶单位矩阵，其第 m 行表示在其他端口接匹配负载时，在第 m 个输入端口处激励单位振幅的入射波；$[T]$ 为 N 阶对称酉矩阵，其由多波束天线所需的激励系数确定，包括振幅系数与相位系数，如均匀分布、道尔夫 - 切比雪夫分布或泰勒分布等，对应多模波导输出端的幅相分布。因此，$[T]$ 矩阵为已知确定的条件。

根据式 (8.5) 与式 (8.6) 可得

$$[S][B][S]^\mathrm{T} = [T] \tag{8.7}$$

$[T]$ 矩阵可以对角化，因此，式 (8.7) 可变为

$$[S][B][S]^\mathrm{T} = [U][T_\mathrm{e}][U]^{-1} = [U][T_\mathrm{e}][U]^\mathrm{T} \tag{8.8}$$

式中，矩阵 [U] 是矩阵 [T] 的本征矢量酉矩阵；矩阵 [T_e] 为本征值对角矩阵。

波形器 [M_1] 与 [M_2] 仅对应电场的幅度变换，因此，其对应的矩阵应为实矩阵。由于特征值对应的特征向量不唯一，因此，正交矩阵 [U] 不唯一。特别地，规定

$$[S] = [U] \tag{8.9}$$

$$[B] = [T_e] \tag{8.10}$$

根据多波束天线所需的激励矩阵 [T]，可以求得多模波导的长度 z_0。将矩阵 [T_e] 的元素表示为

$$t_{mn} = \lambda_n \delta_{mn} = e^{j\varphi_n} \delta_{mn} \tag{8.11}$$

式中，λ_n 表示矩阵 [T] 的第 n 个本征值。

根据式（8.11），可得以下方程组

$$\beta_n z_0 - \varphi_n \equiv 2m\pi \tag{8.12}$$

式中，$n = 1, 2, \cdots, N$；$m = 0, 1, \cdots$。

一般情况下，该方程组为不相容方程组，其有解的条件可以通过准周期函数 Kronecker 引理确定。可以通过使误差 $\varepsilon_n = |\beta_n z_0 - \varphi_n - 2m\pi|$ 尽可能小来求取 z_0。ε_n 决定解的精度，表示多模波导中不同模式传输至输出端口时随传输长度 z_0 变化的相位误差。

8.1.2 全金属多模波导多波束天线

基于多模波导波束合成网络的多波束天线范例，在毫米波频段已有应用，均采用基片集成波导 SIW 实现。但基片介质带来的损耗与工艺可实现性问题使其难以直接应用到亚毫米波频段，空气填充的全金属波导结构可靠、无介质损耗、工艺可行，是一种值得尝试的可选方案。本节将对亚毫米波全金属多模波导多波束天线方案进行详细探讨，其结构如图 8.3 所示。

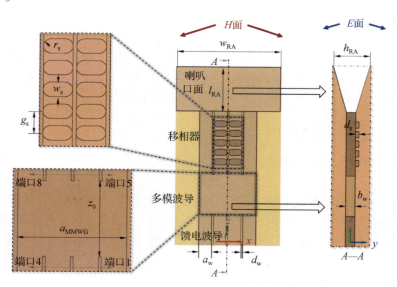

图 8.3 亚毫米波全金属多模波导多波束天线的结构示意

8.1.2.1 多模波导

根据上一节介绍的机理，需要先确定多模波导部分的尺寸与输入输出波导部分的尺寸。

以端口 4 输入多模波导为例，如图 8.3 所示。因本案例的中心频率为 425 GHz，为了便于采用标准型号波导进行馈电，选取的波导高度 b_w 与 WR2.2 标准矩形波导尺寸一致，为 280 μm。对于多模波导部分，其内部需满足的基本条件是仅支持 TE_{10}、TE_{20}、TE_{30} 和 TE_{40} 四种模式电磁波的传输。馈入波导需满足 TE_{10} 模的单模传输条件。考虑到亚毫米波频段计算机数控 (computer numerical control，CNC) 工艺的可实现性，将波导壁厚度 d 设为 50 μm，那么单模传输波导宽度 a_w 与多模波导宽度 a_{MMWG} 满足如下关系式：

$$\lambda_{TE_{20}} < \lambda_0 < \lambda_{TE_{10}} \tag{8.13}$$

$$\lambda'_{TE_{50}} < \lambda_0 < \lambda'_{TE_{40}} \tag{8.14}$$

$$a_{MMWG} = 4a_w + 3d \tag{8.15}$$

式中，λ_0 为中心频率波长；$\lambda_{TE_{n0}}$ 与 $\lambda'_{TE_{n0}}$ 分别表示单模波导与多模波导中 TE_{n0} 模的截止波长。

经过综合考量，将单模波导部分宽度 a_w 设为 400 μm，则多模波导宽度 a_{MMWG} 为 1 750 μm。为了验证多模波导的传输特性，对其进行全波仿真验证。

为了实现输出端口等幅度同相位差的均匀激励，多模波导长度 z_0 可根据式（8.12）确定。当端口数量增加时，端口之间的相位差误差会进一步增加，导致其相位梯度与所需的相位梯度差距过大。对于 4×4 多模波导波束形成网络，可以首先考虑中间两个端口满足误差要求，然后通过引入移相器实现相位变换来修正误差。图 8.4 给出了根据式（8.12）绘制出的误差与多模波导长度的关系曲线，这里 ε_n 表示多模波导中不同模式传输至单模波导段的所需相位与实际相位之间的误差。

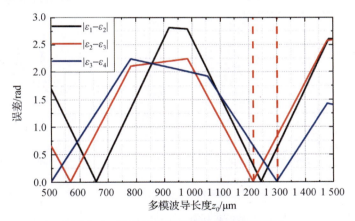

图 8.4　误差与多模波导长度的关系曲线

由图 8.4 可知，当 z_0 的取值范围为 1 215～1 300 μm 时，误差较理想。通过 HFSS 软件进行仿真优化，最终选取的多模波导长度为 1 250 μm，此时，各端口馈电时输出端口的场分布情况如图 8.5 所示。可以看出多模波导实现了良好的功率分配功能。但是为了实现高质量的多波束合成，端口的输出相位梯度特性需要进一步优化。

8.1.2.2　波纹波导移相器

这里采用的波纹波导是一种通过在普通矩形波导底部开槽来实现移相功能的波导结构。波导底部开槽相当于在波导中引入了不连续性，从而带来一定的相位延迟。引入该类型移相器前，多模波导网络输出端口的相位分布如图 8.6 所示，可见梯度均匀性较差。为了优化相

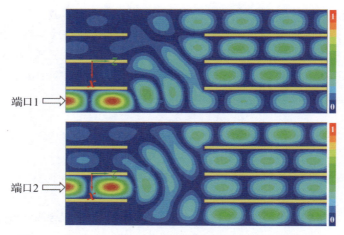

图 8.5　端口 1 和端口 2 馈电时多模波导网络的场分布情况

位梯度均匀性，使其更符合不同角度波束的合成需求，利用全波仿真工具进行优化设计，最终确定波导移相器中波纹的尺寸。由于多模波导本身具有对称性，因此，仅在中间两个端口（端口 6 和端口 7）引入这种移相结构。

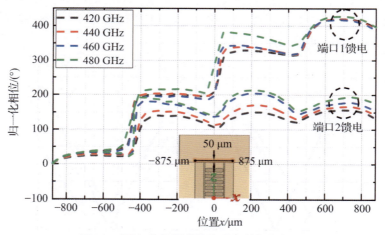

图 8.6　引入移相器前输出端口的相位分布

具体来说，以设计 425 GHz 频率点为例，由于端口 2 馈电时，输出端口（端口 6 和端口 7）之间的相位相差较小，因此先考虑优化端口 1 馈电时的相位分布。当端口 6 和端口 7 之间引入的相位差为 30°时，输出端口之间的相位梯度得到了较好的提升，整体相位差为 125°±5°，如图 8.7 所示。此时，端口 2 馈电时的输出相位梯度也有明显改善，端口之间的相位差为 40°±20°。

为了更好地观察引入移相器后相位优化带来的效果，图 8.8 给出了添加喇叭口径后天线整体的辐射方向图。可以看出，引入移相器后天线的方向图副瓣得到明显改善，降低了 5 dB 以上，使得不同端口馈电时的方向图副瓣均在 −10 dB 以下，同时天线的增益也有一定的提升，充分说明引入移相器带来的波束改善效果显著。

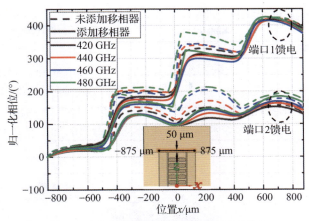

图 8.7 引入移相器后输出端口的相位分布

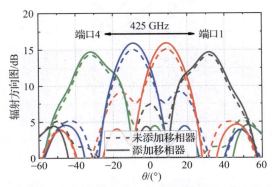

图 8.8 引入移相器前后多波束辐射方向图变化

8.1.2.3 天线参数

天线的结构示意及尺寸参数定义已在图 8.3 中给出。考虑到馈电波导与 WR2.2 标准矩形波导之间的连接,将其平滑过渡至标准波导。同时,对辐射的喇叭口径进行一定的优化设计,去掉常规角锥喇叭结构中垂直于 H 面的两侧金属壁,以消除侧壁对波束扫描角度的制约。此外,为了便于测试,将天线主体部分与标准法兰一体化设计制备。亚毫米波全金属多模波导多波束天线相关的尺寸参数见表 8.1。

表 8.1 亚毫米波全金属多模波导多波束天线相关的尺寸参数   μm

参数	值	参数	值
a_w	400	g_S	300
b_w	280	d_S	100
d_w	50	r_S	100
a_{MMWG}	1 750	w_{RA}	3 200
z_0	1 250	l_{RA}	1 400
w_S	200	h_{RA}	1 080

8.1.3 样件与性能评估

8.1.3.1 天线制备

该全金属多模波导多波束天线采用高精度 CNC 工艺完成制备，材料为紫铜，采用表面镀金处理方式。为了满足测试需求，多模波导输入端口均过渡至标准 WR2.2 矩形波导，同时添加标准 UG387 法兰结构用于和测试端仪器接口连接。图 8.9 给出了 CNC 制备得到的天线样件实物。利用 Alicona 光学系统测量其形貌特征，得到的加工精度优于 ±2 μm，最大表面粗糙度优于 200 nm。

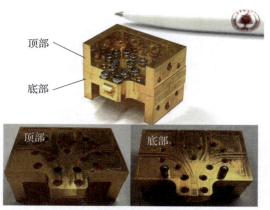

图 8.9 410~480 GHz 频段全金属多模波导多波束天线的实物

8.1.3.2 S 参数

天线各端口的 S 参数由添加了亚毫米波扩频模块（VDI WM-570）的矢量网络分析仪（Keysight N5247B PNA-X）测量得到。四个端口仿真和实测的反射系数及端口间的耦合系数如图 8.10 所示。从测试结果可以看出，在 407~487 GHz 频段范围内，每个端口的反射系数均低于 -10 dB，较好地吻合了仿真结果。非相邻端口间隔离度基本在 15 dB 以上。相邻端口，特别是端口 2 和端口 3 之间隔离度稍差，约为 12 dB。这主要是由于端口间距离相对较近，因而通道间耦合更强。虽然无法测试端口 2 和端口 3 之间的相互耦合，但现有的测试结果和仿真结果之间的一致性可以验证该设计的有效性。

8.1.3.3 辐射特性

为表征辐射特性，利用基于矢量网络分析仪的方向图测试平台对该天线进行测试。该平台由发射模块、接收模块、转台和待测天线组成，如图 8.11 所示。下面将给出该全金属多模波导多波束天线的多波束辐射特性。

图 8.12 给出了天线在设计 425 GHz 频率点测试与仿真的波束扫描性能。其中，每个波束指向的方向图由不同端口单独激励得到。从图 8.12 中可以看出，实测的主波束分别指向 -32°、-10°、+10°和+32°，与仿真结果吻合良好。天线副瓣电平均在 -10 dB 以下，交叉极化电平在 3 dB 波束范围内均低于 -25 dB。总体上体现了良好的四波束性能。

为了验证天线的宽带性能，对 410~480 GHz 频段内的辐射方向图进行测试，结果如图 8.13 所示。测试结果表明，该天线能在整个工作频段内提供良好的多波束辐射。

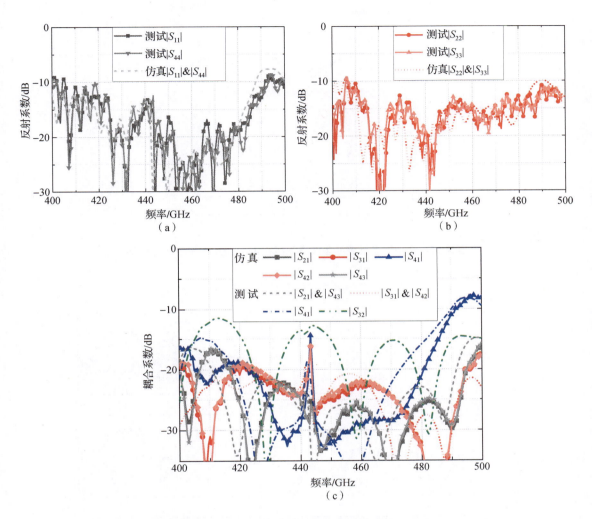

图 8.10　亚毫米波全金属多模波导多波束天线的 S 参数

（a）反射系数；（b）端口耦合系数

图 8.11　基于矢量网络分析仪的方向图测试平台

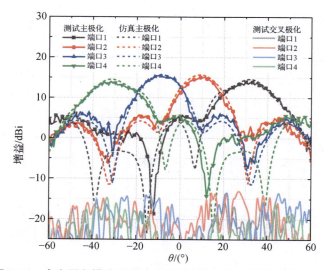

图 8.12　全金属多模波导多波束天线在 425 GHz 频率点的方向图

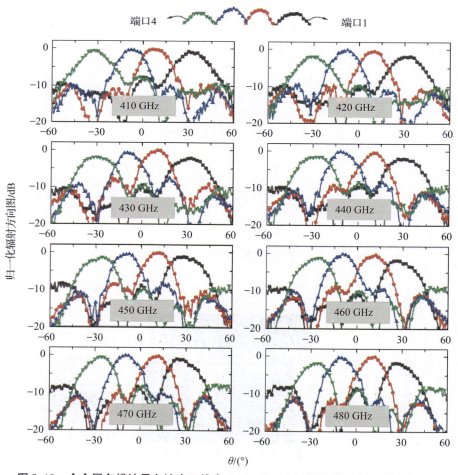

图 8.13　全金属多模波导多波束天线在 410~480 GHz 频段内的方向图测试结果

图 8.14 给出了亚毫米波全金属多模波导多波束天线的带内增益曲线。由于加工实物相比理想设计模型存在表面粗糙度的差异，为了评估其带来的损耗，对天线在 200 nm 典型表面粗糙度下进行仿真。可以看出，在 200 nm 典型表面粗糙度下，天线产生的额外损耗约为 0.8 dB，与测试结果吻合良好。天线的多波束扫描损耗优于 2 dB，带内增益在 13.3～15.9 dBi 之间。

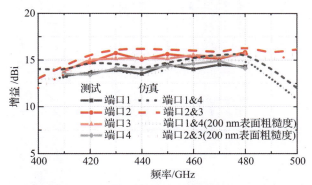

图 8.14　亚毫米波全金属多模波导多波束天线的带内增益曲线

8.2　基于滑动口径机理和移相波导阵列的亚毫米波多波束天线

第 8.1 节中介绍的基于多模波导机理的全金属太赫兹多波束天线，具备结构紧凑和在亚毫米波频段易于制备的特点。然而，受其多模波导机理的限制，其难以实现四波束以上更大规模波束的合成。综合考虑波束数量易于扩展的需求和在亚毫米波频段的可实现性，本节将介绍另一种基于可扩展波导移相网络的亚毫米波多波束天线。该方案引入滑动口径概念，通过端口的切换，可实现不同范围辐射口径的照射，并提供不同相位梯度的辐射波前，从而得到多波束特性。该方案还使用一种具有低色散特性的波导移相器，可支持该天线的宽带工作。基于滑动口径机理的多波束天线的结构组成相对简单，网络复杂性和可扩展性与波束数量相关性小。该波束合成网络由一个移相器阵列组成，根据滑动口径原理设计，移相器阵列单元具有不同的移相量。此前的滑动口径多波束方案中，采用的波束形成网络利用 PCB 工艺设计实现，工作频率为 5.8 GHz，难以扩展到亚毫米波频段，因此，有必要探讨面向亚毫米波频率要求的移相器设计和完整实现方案。

8.2.1　移相器阵列滑动口径多波束天线工作方式

基于波导移相器阵列的全金属滑动口径多波束天线由四部分组成，包括辐射口径、波导移相器阵列、平行板波导和多个馈电矩形波导，如图 8.15（a）所示。图 8.15（b）给出了其基本工作概念示意。多个不同指向的波束是通过多个馈电波导之间的切换实现的，每个馈电端口能够照射大约一半的辐射口径。随着端口的切换，照射范围也随之变化，就类似进行了辐射口径的滑动，滑动口径也因此得名。在本案例中，基于移相器的波束合成网络和波束馈源均采用全金属波导结构进行设计，并且尺寸的选择和优化都充分考虑到在亚毫米波频段的机械加工可实现性。波导移相器阵列的各部分相位延迟量首先根据对应最大扫描角的波束需求来确定，再根据其他波束的整体需求对各移相器的移相量和平行板波导部分的长度进行协同调整。为了有效降低波导移相器的色散特性以确保较宽的带宽，采用一种自补偿移相器的设计方案，其具体设计理念与方法将在下文中详细介绍。

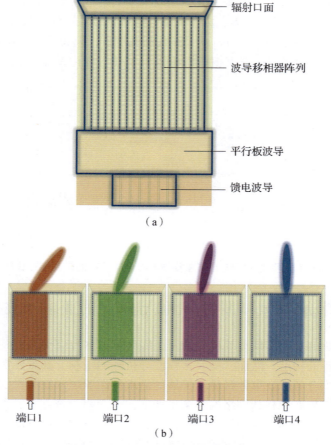

图 8.15 全金属滑动口径多波束天线
(a) 天线的组成；(b) 天线的工作概念示意

8.2.2 滑动口径机理下移相量和馈电设计方法

基于滑动口径多波束概念，各移相器的移相量和各馈源波导的位置是先要计算和确定的关键参量。考虑到本典型案例采用的矩形波导结构特点，其设计方法如下。

先从对应最大扫描角的波束入手，并用 max 下标表示最大扫描角对应参量。如图 8.16 所示，在左半区域，每个波导移相器的移相量需求（ϕ_{ps}）是输入相位（$\phi_{in,max}$）和输出相位（$\phi_{out,max}$）的差值。输入相位可由以下参数决定，即关于馈电点 $P(x=0)$ 的横向偏移量 x 和平行板波导的长度 l_{ppw}。以上关系可表示如下：

$$\phi_{in,max} = k_0 \sqrt{x^2 + l_{ppw}^2} \tag{8.16}$$

式中，k_0 是平行板波导中的波数。

$\phi_{out,max}$ 可由 x 和最大波束扫描角 θ_{max} 决定，其关系式如下：

$$\phi_{out,max} = k_0 x \sin\theta_{max} \tag{8.17}$$

因此，ϕ_{ps} 可以由下列公式获取。考虑到该波束合成网络的对称性，另外一半移相器的移相量同样可以获取，即

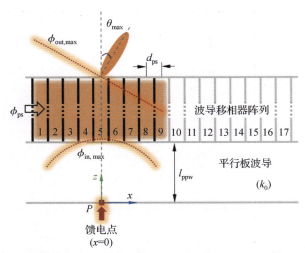

图 8.16　波导移相器阵列示意图和在最大波束扫描角下的移相量计算参数定义

$$\phi_{ps} = \phi_{out,max} - \phi_{in,max} = k_0 \left(x \sin\theta_{max} - \sqrt{x^2 + l_{ppw}^2} \right) \tag{8.18}$$

为了使波束扫描角度尽可能大,并确保工作频带及波导结构的可实现性,波导移相器的间距(d_{ps})选定为 450 μm(约为 425 GHz 对应波长的 64%)。该间距能够支持在 ±35° 波束扫描范围内不出现栅瓣。此时,θ_{max} 即确定为 35°,且同时得到了 $\phi_{out,max}$,如图 8.17(a)所示。$\phi_{in,max}$ 和 ϕ_{ps} 随 l_{ppw} 变化,因此选取 l_{ppw} 分别为 2.4 mm,2.9 mm 和 3.4 mm 的情况,如图 8.17(b)和图 8.17(c)所示。

l_{ppw} 需要根据 0° 波束对输出相位($\phi_{out,0}$)的需求进一步确定。$\phi_{out,0}$ 可由式(8.19)计算:

$$\phi_{out,0} = \phi_{in,0} + \phi_{ps} \tag{8.19}$$

这里,$\phi_{in,0}$ 可由 $\phi_{in,max}$ 平移得到,如图 8.18(a)所示。图 8.18(b)举例说明了 l_{ppw} 的变化对 $\phi_{out,0}$ 的影响。根据图 8.18 中给出的结果,确定 l_{ppw} 为 2.9 mm,此时得到的对应 0° 波束的辐射口径相位相对最均匀。

为了进一步验证该设计方法的效果,对其他角度波束对应的辐射口径相位分布也进行计算。三种波束分别由照射 2 号~10 号波导、3 号~11 号波导和 4 号~12 号波导得到,图 8.19 给出了三种不同倾角的线性相位分布。

最终可以得到移相器阵列中每个波导的移相量。为了便于实现,避免波导移相器过长,将每段移相器的移相量均等效至 360° 内,如图 8.20 所示。上述移相需求采用下文介绍的等长度自补偿波导移相器实现。

8.2.3　等长度自补偿波导移相器

该种波束合成网络由波导型移相器组成的阵列获取,所采用的移相器由两种不同相位常数(β_1 和 β_2)的波导段组成。对应 β_1 的波导是典型的矩形波导,截面尺寸为 280 μm × 385 μm;对应 β_2 的波导是加宽的波纹波导,具有自补偿的低色散特性,能够通过长度变化,得到所需的移相量。如图 8.21(a)所示,在总长度相等的前提下,通过改变 β_1 段和 β_2 段的长度比例,即可满足移相器阵列的相位延迟分布需求。

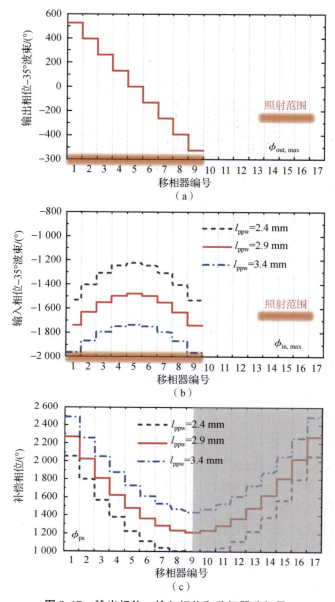

图 8.17 输出相位、输入相位和移相器移相量

(a) 对应 35° 波束的输出相位；(b) l_{ppw} 分别为 2.4 mm、2.9 mm 和 3.4 mm 时的输入相位；
(c) l_{ppw} 分别为 2.4 mm、2.9 mm 和 3.4 mm 时的各移相器移相量

关于自补偿移相器，已有一些报道进行了不同实现方法的介绍，如不等长不等宽波导和不等高不等宽波导等。本节介绍的案例所使用的等长加宽波纹波导移相器可以视为不等高不等宽自补偿波导移相器的特例。将一段矩形波导加宽可改变导波波长，添加波纹结构可引入不连续性，两者均可以增加波导段的移相量；而且两者带来的移相量曲线随频率变化趋势相反，即具有相反的色散特性。这样就可以将两种结构变化结合起来，从而实现一种在宽频带内具有稳定移相量的移相器，如图 8.21（b）所示。虽然这种移相器类型此前已有报道，但本节给出的案例是第一次将其应用于天线设计，尤其是亚毫米波多波束天线设计。

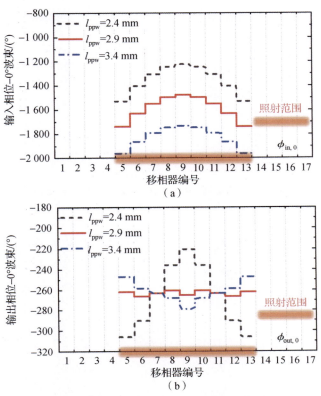

图 8.18 l_{ppw} 为 2.4 mm，2.9 mm 和 3.4 mm 时对应的 0°波束
(a) 波束的输入相位；(b) 波束的输出相位

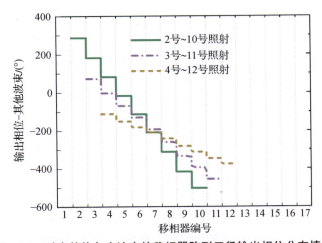

图 8.19 对应其他角度波束的移相器阵列口径输出相位分布情况

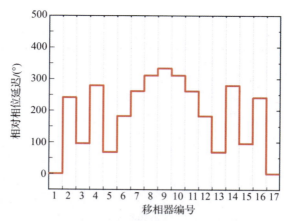

图 8.20 移相器阵列的相位延迟量整体分布情况

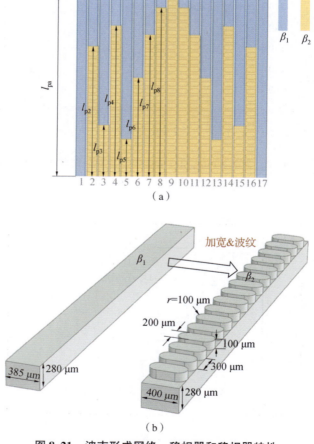

图 8.21 波束形成网络、移相器和移相器特性
（a）由自补偿波导移相器组成的波束形成网络示意；（b）等长度自补偿波导移相器示意；

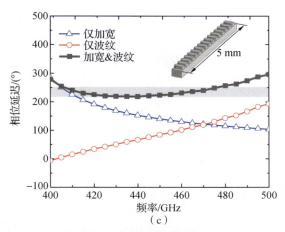

图 8.21 波束形成网络、移相器和移相器特性（续）
（c）5 mm 长自补偿波导移相器的相位延迟频率响应

此外，为了便于使用商用化的高精度机械加工方式实现，将波纹槽等关键结构中的直角部分均进行圆角处理，以与加工工艺和刀具类型匹配，同时保证移相器的性能。例如，本案例就将圆角半径设为 0.1 mm，该半径尺寸能够采用较低成本的刀具加工实现。图 8.21（c）给出了一段 5 mm 长的上述类型移相器的移相特性，并与仅做加宽处理和仅做波纹处理的移相效果进行了对比。对比结果显示，通过加宽和波纹的组合，可以明显降低分别采用单独方法实现的波导移相器的色散程度。通过具体计算分析，提出的 5 mm 长自补偿加宽波纹波导移相器能够在 410~480 GHz 的宽频段范围内实现 220°~255°的稳定移相量特性。虽然该移相器由波纹结构的不连续性带来了一定程度的反射，但在设计频段内的反射系数仍能维持在 −15 dB 以下，这在天线的设计中是完全可以接受的，因此能够保证馈电结构和波束形成网络之间的良好阻抗匹配。为了满足图 8.20 所示的移相需求，图 8.21（a）中定义的长度参数最终确定为表 8.2 中给出的数值。

表 8.2 尺寸参数值　　　　　　　　　　　　　　　　　　　　　mm

名称	尺寸	名称	尺寸
w_{pa}	7.585	r	0.1
l_{pa}	5.75	h_{flare}	0.88
w_{flare}	8.585	h_{wg}	0.28
l_{flare}	1	h_{gr}	0.1
l_{ppw}	2.9	l_{p2}	4.14
w_{feed}	0.5	l_{p3}	1.64
d_{feed}	0.6	l_{p4}	4.79
d_{ps}	0.45	l_{p5}	1.17

续表

名称	尺寸	名称	尺寸
w_{ref}	0.385	l_{p6}	3.13
w_{ps}	0.4	l_{p7}	4.5
p	0.3	l_{p8}	5.34
a	0.2	—	—

8.2.4 天线构成

基于上述波束形成网络，天线整体结构和关键的尺寸参数如图 8.22 和表 8.2 所示。在输入端添加 7 段矩形波导作为多波束馈电结构。

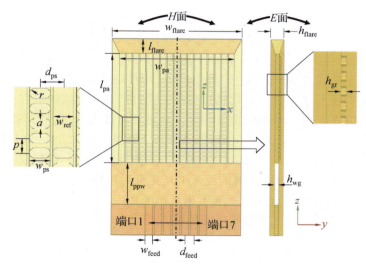

图 8.22 天线结构和尺寸参数

为了初步说明该多波束天线的设计效果，图 8.23（a）给出了从端口 1～端口 4 馈电时仿真得到的天线内部电场分布情况和辐射方向图情况。根据仿真结果观察到的辐射口径的相位分布情况，如图 8.23（b）所示。由此可见，通过馈电端口的切换，滑动口径的效果很明显，且得到了能够支持多波束辐射的良好波前性能。

8.2.5 亚毫米波全金属滑动口径多波束天线制备与评估

本章提出的全金属滑动口径多波束天线通过高精度的数控机床加工制备相应的实物样件。天线沿 H 面剖开成上下两部分进行加工制作，利用销钉对位，并采用较多的螺钉固定来确保两个部件之间的紧密连接。下面给出该天线实物的制备情况与测试结果。

8.2.5.1 天线制备

全金属滑动口径多波束天线在 410～480 GHz 频段的实物样件如图 8.24 所示。

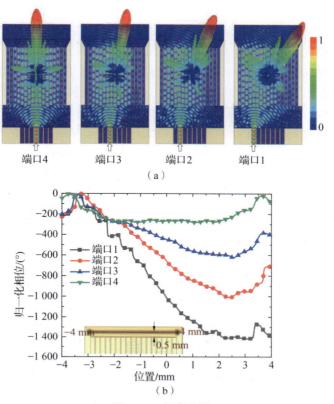

图 8.23 仿真结果

(a) 天线内部电场分布和相应的辐射方向图；(b) 多波束对应的辐射口径相位分布

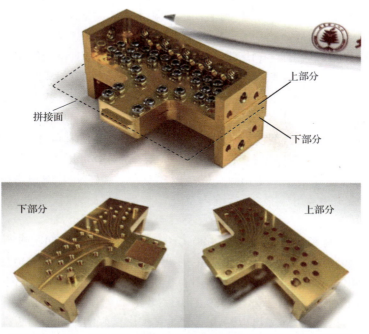

图 8.24 410~480 GHz 频段全金属滑动口径多波束天线实物样件

为了验证加工精度,利用 Alicona 光学系统对加工的波纹结构、波导和小孔及其关键尺寸拍摄了显微照片。从图中可以看出,在波纹和小孔处,其宽度精度优于 ±2 μm;而在波导区域,其宽度精度优于 ±4 μm。此外,波纹的实测深度误差在 2 μm 以内。对于亚毫米波器件,导体的表面粗糙度可能会导致其有效电导率下降进而带来性能的恶化,因此也必须关注该样件的内部表面粗糙度情况。如图 8.25(c)所示,波纹和波导中的表面粗糙度分别优于 200 nm 和 240 nm,该水平的表面粗糙度对该频段的天线性能不会产生明显影响。

为了减少在太赫兹频段进行 H 面拼接时可能存在的缝隙带来的漏波现象,在馈电波导周围设置由周期性亚波长尺寸小孔构成的电磁场带隙(electromagnetic band gap,EBG)结构来进一步避免由装配误差引起的上部和下部零件之间可能存在的间隙而产生的任何潜在泄漏,这种 EBG 结构可以使用和天线整体结构相同的铣削工艺一体制造,不会额外增加工艺难度和刀具选择困难,如图 8.25 所示。已有利用这种 EBG 结构抑制漏波的实例。在本案例中,孔的直径为 0.28 mm,深度为 0.21 mm,周期为 0.35 mm。

8.2.5.2 S 参数评估

天线各端口的 S 参数由添加了太赫兹扩频模块(VDI WM-570)的矢量网络分析仪(Keysight N5247B PNA-X)测量得到,7 个端口的反射系数测试场景与测试结果如图 8.26 所示。从测试结果可以看出,除中心端口 4 之外,各端口反射系数在 400~500 GHz 频段内均小于 -10 dB,与仿真结果吻合良好。端口 4 由于馈电阵列中心位置处的反射叠加,因此出现了性能恶化,但其反射系数仍在 422~500 GHz 频段内小于 -10 dB,整体小于 -8.5 dB。实测结果与仿真结果的良好吻合性,表明该天线可以利用现有的 CNC 工艺实现。

图 8.27 给出了天线各端口之间的隔离度测试场景与测试结果。由于一些端口之间的距离较近,因此无法测试所有端口之间的隔离度。但已给出典型端口对之间的隔离度测试结果,其结果良好的仿测一致性,说明其余端口之间的隔离度情况完全可以将全波仿真结果作为参考。从图 8.27(b)中可以看出,所有端口之间的隔离度均在 14 dB 以上。

8.2.5.3 辐射性能评估

为了验证天线的辐射特性,利用自主搭建的天线测试平台对该天线进行测试,该平台得到了英国伯明翰大学 Yi Wang 教授实验室团队的支持。平台由发射模块、接收模块、转台和待测天线组成,如图 8.28 所示。下面分别给出该全金属滑动口径多波束天线的多波束辐射特性,并与仿真结果进行对比。

图 8.29 给出了天线在典型设计频率 425 GHz 处测试与仿真的多波束性能,其中每个波束指向的方向图由不同端口单独激励得到。从图 8.29 中可以看出,实测的主波束扫描范围为 ±33°,扫描损耗小于 1.1 dB,与仿真结果吻合良好。天线副瓣电平均在 -10 dB以下,半功率波束宽度在 8°~9.5°范围内变化。综合来看,该设计体现了良好的多波束辐射特性。

为了验证天线的宽带性能,对 410~480 GHz 频段内的辐射方向图进行测试,结果如图 8.30(a)所示。测试结果表明,随着频率的变化,天线的波束扫描角度范围在 ±30°~±36° 之间略有变化。当频率增加到 480 GHz 时,远离主瓣的波束范围内出现了一些大于 -10 dB 的栅瓣,这主要是由于对应 480 GHz,移相器的间距已略大于波长的 70%。从图 8.30(b)所示的 E 面方向图可以看出,天线表现出良好的扇形辐射方向图特性。仿真与测试结果的一致性证明了该天线能在整个工作频段内提供良好的多波束辐射。

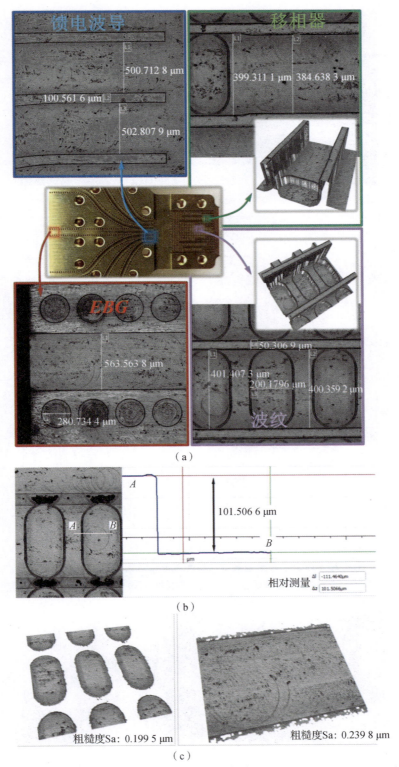

图 8.25 利用 Alicona 光学系统测量得到的尺寸和表面特性
(a) 典型宽度；(b) 典型深度；(c) 典型部位表面粗糙度

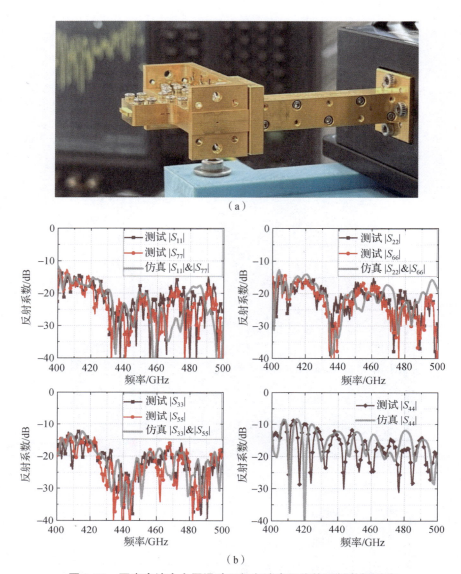

图 8.26 亚毫米波全金属滑动口径多波束天线的反射参数测试

（a）S 参数测试场景；（b）端口反射系数的测试结果

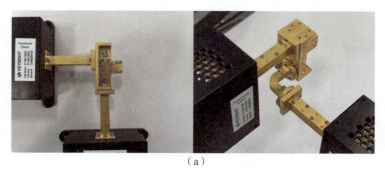

图 8.27 亚毫米波全金属滑动口径多波束天线的端口隔离度

（a）隔离度测试场景

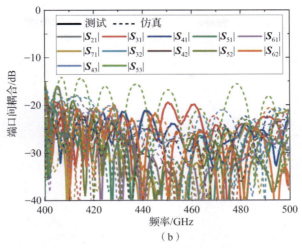

图 8.27　亚毫米波全金属滑动口径多波束天线的端口隔离度（续）
(b) 隔离度测试结果

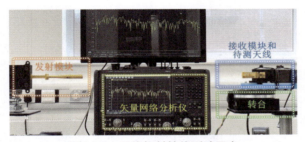

图 8.28　天线辐射性能测试平台

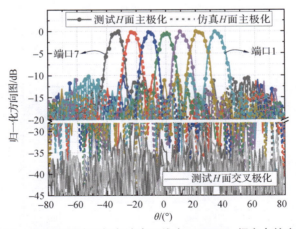

图 8.29　全金属滑动口径多波束天线在 425 GHz 频率点的方向图

图 8.31 给出了利用对比法测试得到的全金属滑动口径多波束天线的增益结果。结果表明，除在 480 GHz 频率点的波束扫描损耗约为 2.5 dB 外，其他频率点的波束扫描损耗均优于 2 dB，体现了良好的平稳增益多波束特点。

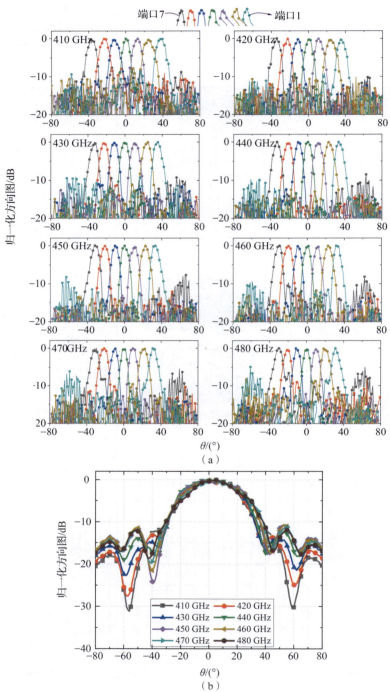

图 8.30 410～480 GHz 频段内方向图测试结果
(a) H 面; (b) E 面

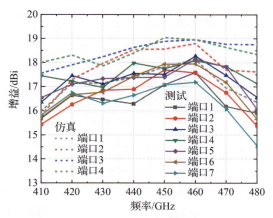

图 8.31　利用对比法进行增益测试的结果

8.3　小　　结

亚毫米波频段天线的设计，需要与工艺特点、可实现性、成本需求等因素紧密结合才可以有效开展。无源多波束天线由于辐射口径和馈电网络的绝对尺寸均与波长直接相关，因此如何对其在亚毫米波频段实现有效的、可用的、成本可接受的高性能设计，是本章的重点内容。理论和技术的共同发展，给亚毫米波器件的实现手段带来了更多的可能性，然而，基于波导结构的器件仍然是目前最受青睐的类型，其结构的可靠性、性能的稳定性在经过多年的应用验证后已受到广泛认可。目前，将亚毫米波多波束需求和波导型器件技术相结合的工作少有人提及，本章介绍了两种针对亚毫米波频段特点的波导器件多波束天线方案。无论是基于多模波导的多波束网络，还是基于波导移相器阵列的滑动口径多波束网络，均是将现有基本理论与亚毫米波的独特需求相匹配，衍生出的新设计方法和新器件形态。样件的制备和测试过程，为进一步开展类似的研究工作提供了技术基础；给出的测试结果，可以为同人们在该研究方向继续开展工作提供参考，同时为进一步深入探究相关机理和实现方法带来了信心。由于亚毫米波有源组件在设计和实现方面临的重重困难，无源多波束方案的研究将在一定时期内吸引更多研究者的目光。

参 考 文 献

[1] RAPPAPORT T S, SUN S, MAYZUS R, et al. Millimeter wave mobile communications for 5G cellular: it will work![J]. IEEE Access, 2013, 1: 335-349.

[2] LARSSON E G, EDFORS O, TUFVESSON F, et al. Massive MIMO for next generation wireless systems [J]. IEEE Communications Magazine, 2014, 52 (2): 186-195.

[3] HASCH J, TOPAK E, SCHNABEL R, et al. Millimeter-wave technology for automotive radar sensors in the 77 GHz frequency band [J]. IEEE Transactions on Microwave Theory and Techniques, 2012, 60 (3): 845-860.

[4] FLINTOFF Z, JOHNSTON B, LIAROKAPIS M. Single-grasp, model-free object classification using a hyper-adaptive Hand, Google Soli, and Tactile Sensors [C]. 2018 IEEE/RSJ International Conference on Intelligent Robots and Systems (IROS), 2018: 1943-1950.

[5] RESOLUTION 238 (WRC-15). Studies on frequency-related matters for International Mobile Telecommunications identification including possible additional allocations to the mobile services on a primary basis in portion (s) of the frequency range between 24.25 and 86 GHz for the future development of International Mobile Telecommunications for 2020 and beyond [EB/OL]. [November 2015]. https://www.itu.int/dms_pub/itu-r/oth/0c/0a/R0C0A00000C0014PDFE.pdf.

[6] HONG W, JIANG Z H, YU C, et al. The Role of Millimeter-wave technologies in 5g/6g wireless communications [J]. IEEE Journal of Microwaves, 2021, 1 (1): 101-122.

[7] MENZEL W, MOEBIUS A. Antenna concepts for millimeter-wave automotive radar sensors [J]. Proceedings of the IEEE, 2012, 100 (7): 2372-2379.

[8] HONG W, JIANG Z H, YU C, et al. Multibeam antenna technologies for 5G wireless communications [J]. IEEE Transactions on Antennas and Propagation, 2017, 65 (12): 6231-6249.

[9] ROGERS CORPORATION. RO4000© series high frequency circuit materials [EB/OL]. [January 2022]. https://rogerscorp.com/-/media/project/rogerscorp/documents/advanced-electronics-solutions/english/data-sheets/ro4000-laminates-ro4003c-and-ro4350b—data-sheet.pdf.

[10] 赵芳灿. 毫米波低损耗波导的发展趋势 [J]. 光纤与电缆及其应用技术, 1991 (1): 9-18, 55.

[11] 雅布隆斯基 D G，姜永美. 毫米波介质波导的功率容量 [J]. 雷达与对抗，1985（12）：10-14.

[12] 王典成，虞萍. 矩形波导功率容量研究 [J]. 现代雷达，1993（4）：5.

[13] COLLIN E R. Field theory of guided waves [M]. New Jersey：IEEE Press，1991.

[14] 张克潜，李德杰. 微波与光电子学中的电磁理论 [M]. 北京：电子工业出版社，2001.

[15] POZAR D M. Microwave engineering [M]. New Jersey：John Wiley & Sons，2004.

[16] PENDRY J B，MARTíN-MORENO L，GARCIA-VIDAL F J. Mimicking surface plasmons with structured surfaces [J]. Science，2004，305（5685）：847-848.

[17] RIVAS J G. The art of confinement [J]. Nature Photonics，2008，2（3）：137-138.

[18] SHEN X，CUI T J，MARTIN-CANO D，et al. Conformal surface plasmons propagating on ultrathin and flexible films [J]. Proceedings of the National Academy of Sciences of the United States of America，2013，110（1）：40-5.

[19] KONG G S，MA H F，CAI B G，et al. Continuous leaky-wave scanning using periodically modulated spoof plasmonic waveguide [J]. Scientific Reports，2016，6：29600.

[20] ZHANG H C，ZHANG Q，LIU J F，et al. Smaller-loss planar SPP transmission line than conventional microstrip in microwave frequencies [J]. Scientific Reports，2016，6：23396.

[21] YIN J Y，REN J，ZHANG Q，et al. Frequency-controlled broad-angle beam scanning of patch array fed by spoof surface plasmon polaritons [J]. IEEE Transactions on Antennas and Propagation，2016，64（12）：5181-5189.

[22] ZHANG H C，HE P H，TANG W X，et al. Planar spoof SPP transmission lines：applications in microwave circuits [J]. IEEE Microwave Magazine，2019，20（11）：73-91.

[23] KIANINEJAD A，CHEN Z N，QIU C. Design and modeling of spoof surface plasmon modes-based microwave slow-wave transmission line [J]. IEEE Transactions on Microwave Theory and Techniques，2015，63（6）：1817-1825.

[24] KANDWAL A，ZHANG Q，TANG X，et al. Low-profile spoof surface plasmon polaritons traveling-wave antenna for near-endfire radiation [J]. IEEE Antennas and Wireless Propagation Letters，2018，17（2）：184-187.

[25] XU S，GUAN D，ZHANG Q，et al. A wide-angle narrowband leaky-wave antenna based on substrate integrated waveguide-spoof surface plasmon polariton structure [J]. IEEE Antennas and Wireless Propagation Letters，2019，18（7）：1386-1389.

[26] ZHANG Q，ZHANG Q，CHEN Y. Spoof surface plasmon polariton leaky-wave antennas using periodically loaded patches above PEC and AMC ground planes [J]. IEEE Antennas and Wireless Propagation Letters，2017，16：3014-3017.

[27] ZHANG X，FAN J，CHEN J. High gain and high-efficiency millimeter-wave antenna based on spoof surface plasmon polaritons [J]. IEEE Transactions on Antennas and Propagation，2019，67（1）：687-691.

[28] ZHANG Q L，CHEN B J，CHAN K F，et al. High-gain millimeter-wave antennas based

on spoof surface plasmon polaritons [J]. IEEE Transactions on Antennas and Propagation, 2020, 68 (6): 4320-4331.

[29] MACI S, MINATTI G, CASALETTI M, et al. Metasurfing: addressing waves on impenetrable metasurfaces [J]. IEEE Antennas and Wireless Propagation Letters, 2011, 10: 1499-1502.

[30] BOSILJEVAC M, CASALETTI M, CAMINITA F, et al. Non-uniform metasurface Luneburg lens antenna design [J]. IEEE Transactions on Antennas and Propagation, 2012, 60 (9): 4065-4073.

[31] QUEVEDO-TERUEL O, EBRAHIMPOURI M, NG MOU KEHN M. Ultrawideband metasurface lenses based on off-shifted opposite layers [J]. IEEE Antennas and Wireless Propagation Letters, 2016, 15: 484-487.

[32] LI T, CHEN Z N. Wideband Substrate-integrated waveguide-fed endfire metasurface antenna array [J]. IEEE Transactions on Antennas and Propagation, 2018, 66 (12): 7032-7040.

[33] WANG L, GOMEZ-TORNERO J L, RAJO-IGLESIAS E, et al. Low-dispersive leaky-wave antenna integrated in groove gap waveguide technology [J]. IEEE Transactions on Antennas and Propagation, 2018, 66 (11): 5727-5736.

[34] CHEN Q, ZETTERSTROM O, PUCCI E, et al. Glide-symmetric holey leaky-wave antenna with low dispersion for 60 GHz point-to-point communications [J]. IEEE Transactions on Antennas and Propagation, 2020, 68 (3): 1925-1936.

[35] YABLONOVITCH E, LEUNG K M. Photonic band structure: non-spherical atoms in the face-centered-cubic case [J]. Physica B: Condensed Matter, 1991, 175 (1-3): 81-86.

[36] GHANEM F, DELISLE G Y, DENIDNI T A, et al. A directive dual-band antenna based on metallic electromagnetic crystals [J]. IEEE Antennas and Wireless Propagation Letters, 2006, 5: 384-387.

[37] EBRAHIMPOURI M, QUEVEDO-TERUEL O, RAJO-IGLESIAS E. Design guidelines for gap waveguide technology based on glide-symmetric holey structures [J]. IEEE Microwave and Wireless Components Letters, 2017, 27 (6): 542-544.

[38] VOSOOGH A, ZIRATH H, HE Z S. Novel air-filled waveguide transmission line based on multilayer thin metal plates [J]. IEEE Transactions on Terahertz Science and Technology, 2019, 9 (3): 282-290.

[39] PALOMARES-CABALLERO A, ALEX-AMOR A, VALENZUELA-VALDES J, et al. Millimeter-wave 3-D-printed antenna array based on gap-waveguide technology and split E-plane waveguide [J]. IEEE Transactions on Antennas and Propagation, 2021, 69 (1): 164-172.

[40] VOSOOGH A, KILDAL P. Corporate-fed planar 60-GHz slot array made of three unconnected metal layers using AMC pin surface for the gap waveguide [J]. IEEE Antennas and Wireless Propagation Letters, 2016, 15: 1935-1938.

[41] ALVAREZ Y, CAMBLOR R, GARCIA C, et al. Submillimeter-wave frequency scanning system for imaging applications [J]. IEEE Transactions on Antennas and Propagation, 2013, 61 (11): 5689-5696.

[42] HOMMES A, SHOYKHETBROD A, POHL N. A fast tracking 60 GHz radar using a frequency scanning antenna [C]. 2014 39th International Conference on Infrared, Millimeter, and Terahertz Waves (IRMMW-THz), 2014: 1-2.

[43] LI S, LI C, LIU W, et al. Study of Terahertz super resolution imaging scheme with real-time capability based on frequency scanning antenna [J]. IEEE Transactions on Terahertz Science and Technology, 2016, 6 (3): 451-463.

[44] SCHNEIDER D A, ROSCH M, TESSMANN A, et al. A low-loss W-band frequency-scanning antenna for wideband multichannel radar applications [J]. IEEE Antennas and Wireless Propagation Letters, 2019, 18 (4): 806-810.

[45] MA Z L, CHAN C H. A novel surface-wave-based high-impedance surface multibeam antenna with full azimuth coverage [J]. IEEE Transactions on Antennas and Propagation, 2017, 65 (4): 1579-1588.

[46] JACKSON D R, OLINER A A. Modern antenna handbook [M]. New Jersey: John Wiley & Sons, 2008.

[47] GUGLIELMI M, JACKSON D R. Broadside radiation from periodic leaky-wave antennas [J]. IEEE Transactions on Antennas and Propagation, 1993, 41 (1): 31-37.

[48] GOMEZ-TORNERO J L, QUESADA-PEREIRA F D, ALVAREZ-MELCON A. Analysis and design of periodic leaky-wave antennas for the millimeter waveband in hybrid waveguide-planar technology [J]. IEEE Transactions on Antennas and Propagation, 2005, 53 (9): 2834-2842.

[49] XU F, WU K, ZHANG X. Periodic leaky-wave antenna for millimeter wave applications based on substrate integrated waveguide [J]. IEEE Transactions on Antennas and Propagation, 2010, 58 (2): 340-347.

[50] SANCHEZ-ESCUDEROS D, FERRANDO-BATALLER M, HERRANZ J I, et al. Periodic leaky-wave antenna on planar goubau line at millimeter-wave frequencies [J]. IEEE Antennas and Wireless Propagation Letters, 2013, 12: 1006-1009.

[51] BAI X, QU S, NG K, et al. Sinusoidally modulated leaky-wave antenna for millimeter-wave application [J]. IEEE Transactions on Antennas and Propagation, 2016, 64 (3): 849-855.

[52] MONDAL P, WU K. A Leaky-wave antenna using periodic dielectric perforation for millimeter-wave applications [J]. IEEE Transactions on Antennas and Propagation, 2016, 64 (12): 5492-5495.

[53] AL SHARKAWY M, KISHK A A. Long slots array antenna based on ridge gap waveguide technology [J]. IEEE Transactions on Antennas and Propagation, 2014, 62 (10): 5399-5403.

[54] AL SHARKAWY M, KISHK A A. Split slots array for grating lobe suppression in ridge gap

guide [J]. IEEE Antennas and Wireless Propagation Letters, 2016, 15: 946-949.

[55] TEKKOUK K, HIROKAWA J, SAULEAU R, et al. Wide band and large coverage continuous beam steering antenna in the 60-GHz band [J]. IEEE Transactions on Antennas and Propagation, 2017, 65 (9): 4418-4426.

[56] YOU Y, LU Y, YOU Q, et al. Millimeter-wave high-gain frequency-scanned antenna based on waveguide continuous transverse stubs [J]. IEEE Transactions on Antennas and Propagation, 2018, 66 (11): 6370-6375.

[57] KOKKINOS T, SARRIS C D, ELEFTHERIADES G V. Periodic FDTD analysis of leaky-wave structures and applications to the analysis of negative-refractive-index leaky-wave antennas [J]. IEEE Transactions on Microwave Theory and Techniques, 2006, 54 (4): 1619-1630.

[58] OTTO S, AL-BASSAM A, RENNINGS A, et al. Transversal asymmetry in periodic leaky-wave antennas for bloch impedance and radiation efficiency equalization through broadside [J]. IEEE Transactions on Antennas and Propagation, 2014, 62 (10): 5037-5054.

[59] AL-BASSAM A, OTTO S, HEBERLING D, et al. Broadside dual-channel orthogonal-polarization radiation using a double-asymmetric periodic leaky-wave antenna [J]. IEEE Transactions on Antennas and Propagation, 2017, 65 (6): 2855-2864.

[60] LIU J, ZHOU W, LONG Y. A simple technique for open-stopband suppression in periodic leaky-wave antennas using two nonidentical elements per unit cell [J]. IEEE Transactions on Antennas and Propagation, 2018, 66 (6): 2741-2751.

[61] KARMOKAR D K, CHEN S, BIRD T S, et al. Single-layer multi-via loaded CRLH leaky-wave antennas for wide-angle beam scanning with consistent gain [J]. IEEE Antennas and Wireless Propagation Letters, 2019, 18 (2): 313-317.

[62] GOLDSTONE L O, OLINER A. A Leaky-wave antennas I: rectangular waveguides [J]. IRE Transactions on Antennas and Propagation, 1959, 7 (4): 307-319.

[63] WHETTEN F L, BALANIS C A. Meandering long slot leaky-wave waveguide-antennas [J]. IEEE Transactions on Antennas and Propagation, 1991, 39 (11): 1553-1560.

[64] FREZZA F, GUGLIELMI M, LAMPARIELLO P. Millimetre-wave leaky-wave antennas based on slitted asymmetric ridge waveguides [J]. IEE Proceedings—Microwaves, Antennas and Propagation, 1994, 141 (3): 175-180.

[65] LAMPARIELLO P, FREZZA F, SHIGESAWA H, et al. A versatile leaky-wave antenna based on stub-loaded rectangular waveguide part I: theory [J]. IEEE Transactions on Antennas and Propagation, 1998, 46 (7): 1032-1041.

[66] LV S, ZHANG Y, LIU J, et al. Design of continuous long slot leaky-wave antenna for MMW application [J]. Journal of Systems Engineering and Electronics, 2007, 18 (4): 721-725.

[67] CHENG Y J, HONG W, WU K, et al. Millimeter-wave substrate integrated waveguide long slot leaky-wave antennas and two-dimensional multibeam applications [J]. IEEE Transactions on Antennas and Propagation, 2011, 59 (1): 40-47.

[68] KOU P F, CHENG Y J. Ka – band low – sidelobe – level slot array leaky – wave antenna based on substrate integrated nonradiative dielectric waveguide [J]. IEEE Antennas and Wireless Propagation Letters, 2017, 16: 3075 – 3078.

[69] WANG L, GOMEZ – TORNERO J L, QUEVEDO – TERUEL O. Substrate integrated waveguide leaky – wave antenna with wide bandwidth via prism coupling [J]. IEEE Transactions on Microwave Theory and Techniques, 2018, 66 (6): 3110 – 3118.

[70] ZHENG D, WU K. Leaky – wave antenna featuring stable radiation based on multimode resonator (MMR) concept [J]. IEEE Transactions on Antennas and Propagation, 2020, 68 (3): 2016 – 2030.

[71] ZHENG D, LYU Y, WU K. Longitudinally slotted SIW leaky – wave antenna for low cross – polarization millimeter – wave applications [J]. IEEE Transactions on Antennas and Propagation, 2020, 68 (2): 656 – 664.

[72] OBAID A A S, MACLEAN T S M, RAZAZ M. Propagation characteristics of rectangular corrugated waveguides [J]. IEE Proceedings H – Microwaves, Antennas and Propagation, 1985, 132 (7): 413 – 418.

[73] DA SILVA L C, GHOSH S. Modal dispersion relations for rectangular corrugated waveguides with corner filled corrugations [J]. Electronics Letters, 1992, 28 (18): 1707 – 1709.

[74] RANZANI L, KUESTER D, VANHILLE K J, et al. G – band micro – fabricated frequency – steered arrays with 2°/GHz beam steering [J]. IEEE Transactions on Terahertz Science and Technology, 2013, 3 (5): 566 – 573.

[75] CAMERON T R, SUTINJO A T, OKONIEWSKI M. A circularly polarized broadside radiating "herringbone" array design with the leaky – wave approach [J]. IEEE Antennas and Wireless Propagation Letters, 2010, 9: 826 – 829.

[76] CHENG Y J, HONG W, WU K. Millimeter – wave half mode substrate integrated waveguide frequency scanning antenna with quadri – polarization [J]. IEEE Transactions on Antennas and Propagation, 2010, 58 (6): 1848 – 1855.

[77] SANCHEZ – ESCUDEROS D, FERRANDO – BATALLER M, HERRANZ J I, et al. Low – loss circularly polarized periodic leaky – wave antenna [J]. IEEE Antennas and Wireless Propagation Letters, 2016, 15: 614 – 617.

[78] ZHANG Q, ZHANG Q, CHEN Y. High – efficiency circularly polarized leaky – wave antenna fed by spoof surface plasmon polaritons [J]. IET Microwaves, Antennas & Propagation, 2018, 12 (10): 1639 – 1644.

[79] MISHRA G, SHARMA S K, CHIEH J S. A high gain series – fed circularly polarized traveling – wave antenna at W – band using a new butterfly radiating element [J]. IEEE Transactions on Antennas and Propagation, 2020, 68 (12): 7947 – 7957.

[80] CHENG Y J, BAO X Y, GUO Y X. 60 – GHz LTCC miniaturized substrate integrated multibeam array antenna with multiple polarizations [J]. IEEE Transactions on Antennas and Propagation, 2013, 61 (12): 5958 – 5967.

[81] LI Y, LUK K. A multibeam end – fire magnetoelectric dipole antenna array for millimeter –

wave applications [J]. IEEE Transactions on Antennas and Propagation, 2016, 64 (7): 2894-2904.

[82] WU Q, HIROKAWA J, YIN J, et al. Millimeter-wave multibeam endfire dual-circularly polarized antenna array for 5G wireless applications [J]. IEEE Transactions on Antennas and Propagation, 2018, 66 (9): 4930-4935.

[83] 黄明. 多波束透镜天线理论与应用技术研究 [D]. 四川: 电子科技大学, 2014.

[84] JOUADE A, MERIC S, LAFOND O, et al. A passive compressive device associated with a Luneburg Lens for multibeam radar at millimeter wave [J]. IEEE Antennas and Wireless Propagation Letters, 2018, 17 (6): 938-941.

[85] 蒋勇猛. 雷达隐身直升机靶机设计及 RCS 特征评估 [D]. 江苏: 南京航空航天大学, 2020.

[86] LUNEBURG R K, WOLF E, HERZBERGER M. Mathematical theory of optics [M]. Berkeley: University of California Press, 1964.

[87] WU X, LAURIN J. Fan-beam millimeter-wave antenna design based on the cylindrical Luneberg lens [J]. IEEE Transactions on Antennas and Propagation, 2007, 55 (8): 2147-2156.

[88] HUA C, YANG N, WU X, et al. Millimeter-Wave Fan-Beam Antenna Based on Step-Index Cylindrical Homogeneous Lens [J]. IEEE Antennas and Wireless Propagation Letters, 2012, 11: 1512-1516.

[89] SALEEM M K, VETTIKALADI H, ALKANHAL M A S, et al. Lens antenna for wide angle beam scanning at 79 GHz for automotive short range radar applications [J]. IEEE Transactions on Antennas and Propagation, 2017, 65 (4): 2041-2046.

[90] HUA C, WU X, YANG N, et al. Air-filled parallel-plate cylindrical modified Luneberg lens antenna for multiple-beam scanning at millimeter-wave frequencies [J]. IEEE Transactions on Microwave Theory and Techniques, 2013, 61 (1): 436-443.

[91] MA H F, CUI T J. Three-dimensional broadband and broad-angle transformation-optics lens [J]. Nature Communications, 2010, 1: 124.

[92] DHOUIBI A, BUROKUR S N, DE LUSTRAC A, et al. Compact metamaterial-based substrate-integrated luneburg lens antenna [J]. IEEE Antennas and Wireless Propagation Letters, 2012, 11: 1504-1507.

[93] LIANG M, NG W, CHANG K, et al. A 3-D Luneburg lens antenna fabricated by polymer jetting rapid prototyping [J]. IEEE Transactions on Antennas and Propagation, 2014, 62 (4): 1799-1807.

[94] PARK Y J, WIESBECK W. Angular independency of a parallel-plate Luneburg lens with hexagonal lattice and circular metal posts [J]. IEEE Antennas and Wireless Propagation Letters, 2002, 1: 128-130.

[95] QUEVEDO-TERUEL O, MIAO J, MATTSSON M, et al. Glide-symmetric fully metallic Luneburg lens for 5G communications at Ka-band [J]. IEEE antennas and wireless propagation letters, 2018, 17 (9): 1588-1592.

[96] MARCHAND E W. Gradient index opticals [M]. New York: Academic, 1978.

[97] XU H, SHI Y. Metamaterial – based Maxwell's fisheye lens for multimode waveguide crossing [J]. Laser & Photonics Reviews, 2018, 12 (10): 1800094.

[98] FUCHS B, LAFOND O, RONDINEAU S, et al. Design and characterization of half Maxwell fish – eye lens antennas in millimeter waves [J]. IEEE Transactions on Microwave Theory and Techniques, 2006, 54 (6): 2292 – 2300.

[99] FUCHS B, LAFOND O, RONDINEAU S, et al. Off – axis performances of half Maxwell fish – eye lens antennas at 77 GHz [J]. IEEE Transactions on Antennas and Propagation, 2007, 55 (2): 479 – 482.

[100] MEI Z L, BAI J, NIU T M, et al. A half Maxwell fish – eye lens antenna based on gradient – index metamaterials [J]. IEEE Transactions on Antennas and Propagation, 2012, 60 (1): 398 – 401.

[101] DHOUIBI A, BUROKUR S N, DE LUSTRAC A, et al. Low – profile substrate – integrated lens antenna using metamaterials [J]. IEEE Antennas and Wireless Propagation Letters, 2013, 12: 43 – 46.

[102] HUANG M, YANG S, GAO F, et al. A 2 – D Multibeam half Maxwell fish – eye lens antenna using high impedance surfaces [J]. IEEE Antennas and Wireless Propagation Letters, 2014, 13: 365 – 368.

[103] BJORKQVIST O, ZETTERSTROM O, QUEVEDO - TERUEL O. Additive manufactured dielectric Gutman lens [J]. Electronics Letters, 2019, 55 (25): 1318 – 1320.

[104] BANTAVIS P, GARCIA GONZALEZ C, SAULEAU R, et al. Broadband graded index Gutman lens with a wide field of view utilizing artificial dielectrics: a design methodology [J]. Opt Express, 2020, 28 (10): 14648 – 14661.

[105] MIRMOZAFARI M, TURSUNNIYAZ M, LUYEN H, et al. A multibeam tapered cylindrical Luneburg lens [J]. IEEE Transactions on Antennas and Propagation, 2021, 69 (8): 5060 – 5065.

[106] WAN X, SHEN X, LUO Y, et al. Planar bifunctional Luneburg – fisheye lens made of an anisotropic metasurface [J]. Laser & Photonics Reviews, 2014, 8 (5): 757 – 765.

[107] CHEN J, ZHAO Y, XING L, et al. Broadband bifunctional Luneburg – fisheye lens based on anisotropic metasurface [J]. Scientific Reports, 2020, 10 (1): 20381.

[108] SUN C, HIRATA A, OHIRA T, et al. Fast beamforming of electronically steerable parasitic array radiator antennas: theory and experiment [J]. IEEE Transactions on Antennas and Propagation, 2004, 52 (7): 1819 – 1832.

[109] LI J, STOICA P. MIMO Radar with colocated antennas [J]. IEEE Signal Processing Magazine, 2007, 24 (5): 106 – 114.

[110] KRIEGER G, GEBERT N, MOREIRA A. Multidimensional waveform encoding: a new digital beamforming technique for synthetic aperture radar remote sensing [J]. IEEE Transactions on Geoscience and Remote Sensing, 2008, 46 (1): 31 – 46.

[111] YOSHIDA S, SUZUKI Y, TA T T, et al. A 60 – GHz band planar dipole array antenna

using 3 - D sip structure in small wireless terminals for beamforming applications [J]. IEEE Transactions on Antennas and Propagation, 2013, 61 (7): 3502 - 3510.

[112] KU B, SCHMALENBERG P, INAC O, et al. A 77 - 81 - GHz 16 - element phased - array receiver with ±50° beam scanning for advanced automotive radars [J]. IEEE Transactions on Microwave Theory and Techniques, 2014, 62 (11): 2823 - 2832.

[113] HU Y, HONG W, YU C, et al. A digital multibeam array with wide scanning angle and enhanced beam gain for millimeter - wave massive MIMO applications [J]. IEEE Transactions on Antennas and Propagation, 2018, 66 (11): 5827 - 5837.

[114] HU Y, ZHAN J, JIANG Z H, et al. An orthogonal hybrid analog - digital multibeam antenna array for millimeter - wave massive MIMO systems [J]. IEEE Transactions on Antennas and Propagation, 2021, 69 (3): 1393 - 1403.

[115] POON A S Y, TAGHIVAND M. Supporting and enabling circuits for antenna arrays in wireless communications [J]. Proceedings of the IEEE, 2012, 100 (7): 2207 - 2218.

[116] LI W, CHIANG Y, TSAI J, et al. 60 - GHz 5 - bit phase shifter with integrated VGA phase - error compensation [J]. IEEE Transactions on Microwave Theory and Techniques, 2013, 61 (3): 1224 - 1235.

[117] AHMAD W, ZHANG H, CHEN Y, et al. Full digital transmit beamforming with low RF complexity for large - scale mmwave MIMO system [C]. ICC 2020 - 2020 IEEE International Conference on Communications (ICC), 2020: 1 - 6.

[118] ABBASPOUR - TAMIJANI A, SARABANDI K. An affordable millimeter - wave beam - steerable antenna using interleaved planar subarrays [J]. IEEE Transactions on Antennas and Propagation, 2003, 51 (9): 2193 - 2202.

[119] PETROLATI D, ANGELETTI P, TOSO G. A Lossless beam - forming network for linear arrays based on overlapped sub - arrays [J]. IEEE Transactions on Antennas and Propagation, 2014, 62 (4): 1769 - 1778.

[120] AVSER B, PIERRO J, REBEIZ G M. Random feeding networks for reducing the number of phase shifters in limited - scan arrays [J]. IEEE Transactions on Antennas and Propagation, 2016, 64 (11): 4648 - 4658.

[121] TSAI Y, CHEN Y, HWANG R. Combining the switched - beam and beam - steering capabilities in a 2 - D phased array antenna system [J]. Radio Science, 2016, 51 (1): 47 - 58.

[122] ZHANG J, LIU W, GU C, et al. Multi - beam multiplexing design for arbitrary directions based on the interleaved subarray architecture [J]. IEEE Transactions on Vehicular Technology, 2020, 69 (10): 11220 - 11232.

[123] MUMCU G, KACAR M, MENDOZA J. Mm - wave beam steering antenna with reduced hardware complexity using lens antenna subarrays [J]. IEEE Antennas and Wireless Propagation Letters, 2018, 17 (9): 1603 - 1607.

[124] XU R, CHEN Z N. A compact beamsteering metasurface lens array antenna with low - cost phased array [J]. IEEE Transactions on Antennas and Propagation, 2021, 69 (4):

1992 - 2002.

[125] XUE C, LOU Q, CHEN Z N. Broadband double - layered Huygens' metasurface lens antenna for 5G millimeter - wave systems [J]. IEEE Transactions on Antennas and Propagation, 2020, 68 (3): 1468 - 1476.

[126] AL - JOUMAYLY M A, BEHDAD N. Wideband planar microwave lenses using sub - wavelength spatial phase shifters [J]. IEEE Transactions on Antennas and Propagation, 2011, 59 (12): 4542 - 4552.

[127] LI M, BEHDAD N. Wideband true - time - delay microwave lenses based on metallo - dielectric and all - dielectric lowpass frequency selective surfaces [J]. IEEE Transactions on Antennas and Propagation, 2013, 61 (8): 4109 - 4119.

[128] OLK A E, POWELL D A. Huygens metasurface lens for w - band switched beam antenna applications [J]. IEEE Open Journal of Antennas and Propagation, 2020, 1: 290 - 299.

[129] GUO Y J, ANSARI M, ZIOLKOWSKI R W, et al. Quasi - optical multi - beam antenna technologies for B5G and 6G mmwave and THz networks: a review [J]. IEEE Open Journal of Antennas and Propagation, 2021, 2: 807 - 830.

[130] LOU Y, ZHU Y, FAN G, et al. Design of Ku - band flat Luneburg lens using ceramic 3 - D printing [J]. IEEE Antennas and Wireless Propagation Letters, 2021, 20 (2): 234 - 238.

[131] QUEVEDO - TERUEL O, TANG W, HAO Y. Isotropic and nondispersive planar fed Luneburg lens from Hamiltonian transformation optics [J]. Optics Letters, 2012, 37 (23): 4850 - 4852.

[132] DU G, LIANG M, SABORY - GARCIA R A, et al. 3 - D printing implementation of an X - band Eaton lens for beam deflection [J]. IEEE Antennas and Wireless Propagation Letters, 2016, 15: 1487 - 1490.

[133] LI J Y, NG MOU KEHN M. The 90° rotating Eaton lens synthesized by metasurfaces [J]. IEEE Antennas and Wireless Propagation Letters, 2018, 17 (7): 1247 - 1251.

[134] HADI BADRI S, RASOOLI SAGHAI H, SOOFI H. Polymer multimode waveguide bend based on a multilayered Eaton lens [J]. Applied Optics, 2019, 58 (19): 5219 - 5224.

[135] LAI Q, FUMEAUX C, HONG W, et al. Characterization of the propagation properties of the half - mode substrate integrated waveguide [J]. IEEE Transactions on Microwave Theory and Techniques, 2009, 57 (8): 1996 - 2004.

[136] XU J, HONG W, TANG H, et al. Half - mode substrate integrated waveguide (HMSIW) leaky - wave antenna for millimeter - wave applications [J]. IEEE Antennas and Wireless Propagation Letters, 2008, 7: 85 - 88.

[137] SARKAR A, LIM S. 60 GHz compact larger beam scanning range PCB leaky - wave antenna using HMSIW for millimeter - wave applications [J]. IEEE Transactions on Antennas and Propagation, 2020, 68 (8): 5816 - 5826.

[138] CHANG L, ZHANG Z, LI Y, et al. Air - filled long slot leaky - wave antenna based on folded half - mode waveguide using silicon bulk micromachining technology for

millimeter – wave band [J]. IEEE Transactions on Antennas and Propagation, 2017, 65 (7): 3409 – 3418.

[139] VALERIO G, SIPUS Z, GRBIC A, et al. Accurate equivalent – circuit descriptions of thin glide – symmetric corrugated metasurfaces [J]. IEEE Transactions on Antennas and Propagation, 2017, 65 (5): 2695 – 2700.

[140] OLINER A A, JACKSON D R. Antenna engineering handbook [M]. New York: McGraw – Hill, 2007.

[141] PAULOTTO S, BACCARELLI P, FREZZA F, et al. A novel technique for open – stopband suppression in 1 – D periodic printed leaky – wave antennas [J]. IEEE Transactions on Antennas and Propagation, 2009, 57 (7): 1894 – 1906.

[142] SCHWERING F K, PENG S. Design of dielectric grating antennas for millimeter – wave applications [J]. IEEE Transactions on Microwave Theory and Techniques, 1983, 31 (2): 199 – 209.

[143] MERRILL W M, DIAZ R E, LORE M M, et al. Effective medium theories for artificial materials composed of multiple sizes of spherical inclusions in a host continuum [J]. IEEE Transactions on Antennas and Propagation, 1999, 47 (1): 142 – 148.

[144] LIANG C S, STREATER D A, JIN J, et al. Ground – plane – backed hemispherical Luneberg – lens reflector [J]. IEEE Antennas and Propagation Magazine, 2006, 48 (1): 37 – 49.

[145] NIKOLIC N, HELLICAR A. Fractional Luneburg lens antenna [J]. IEEE Antennas and Propagation Magazine, 2014, 56 (5): 116 – 130.

[146] MORGAN S P. General solution of the Luneberg lens problem [J]. Journal of Applied Physics, 1958, 29 (9): 1358 – 1368.

[147] ZHOU B, CUI T J. Directivity enhancement to Vivaldi antennas using compactly anisotropic zero – index metamaterials [J]. IEEE Antennas and Wireless Propagation Letters, 2011, 10: 326 – 329.

[148] QUARFOTH R, SIEVENPIPER D. Broadband unit – cell design for highly anisotropic impedance surfaces [J]. IEEE Transactions on Antennas and Propagation, 2014, 62 (8): 4143 – 4152.

[149] EBRAHIMPOURI M, QUEVEDO – TERUEL O. Ultrawideband anisotropic glide – symmetric metasurfaces [J]. IEEE Antennas and Wireless Propagation Letters, 2019, 18 (8): 1547 – 1551.

[150] PARK Y, HERSCHLEIN A, WIESBECK W. A photonic bandgap (PBG) structure for guiding and suppressing surface waves in millimeter – wave antennas [J]. IEEE Transactions on Microwave Theory and Techniques, 2001, 49 (10): 1854 – 1859.

[151] CHEN Z, SHEN Z. Wideband flush – mounted surface wave antenna of very low profile [J]. IEEE Transactions on Antennas and Propagation, 2015, 63 (6): 2430 – 2438.

[152] 沈洁. 微带相控阵天线的分析与设计 [D]. 江苏: 苏州大学, 2010.

[153] CUI YH, LI RL, FU HZ. A broadband dual – polarized planar antenna for 2G/3G/LTE

base stations [J]. IEEE Transactions on Antennas and Propagation, 2014, 62 (9): 4836-4840.

[154] 钟顺时. 天线理论与技术 [M]. 北京：电子工业出版社, 2011.

[155] 闫润卿, 李英惠. 微波技术基础 [M]. 北京：北京理工大学出版社, 2008.

[156] LU H, LIU Z, LIU Y, et al. Compact air-filled Luneburg lens antennas based on almost-parallel plate waveguide loaded with equal-sized metallic posts [J]. IEEE Transactions on Antennas and Propagation, 2019, 67 (11): 6829-6838.

[157] LIU Z, LU H, LIU J, et al. Compact fully metallic millimeter-wave waveguide-fed periodic leaky-wave antenna based on corrugated parallel-plate waveguides [J]. IEEE Antennas and Wireless Propagation Letters, 2020, 19 (5): 806-810.

[158] LU H, LIU Z, LIU J, et al. Fully metallic anisotropic lens crossover-in-antenna based on parallel plate waveguide loaded with uniform posts [J]. IEEE Transactions on Antennas and Propagation, 2020, 68 (7): 5061-5070.

[159] LU H, WU G, LIU Y, et al. A millimeter-wave fully metallic six-channel crossover based on Maxwell fish-eye lens [J]. IEEE Microwave and Wireless Components Letters, 2020, 30 (11): 1041-1044.

[160] LIU Z, LIU Y, ZHOU Y, et al. Partially open corrugated waveguide frequency scanning antennas with linear and circular polarizations [J]. IEEE Transactions on Antennas and Propagation, 2021, 69 (10): 6218-6228.

[161] LU H, LIU Z, ZHANG Y, et al. Partial Maxwell fish-eye lens inspired by the Gutman lens and Eaton lens for wide-angle beam scanning [J]. Optics Express, 2021, 29 (15): 24194-24209.

[162] LIU J, LU H, DONG Z, et al. Fully metallic dual-polarized Luneburg lens antenna based on gradient parallel plate waveguide loaded with nonuniform nail [J]. IEEE Transactions on Antennas and Propagation, 2022, 70 (1): 697-701.

[163] NIE B, LIU Y, LU H, et al. Fully metallic gradient index lens array antenna for wide-angle scanning phased array [J]. IEEE Transactions on Antennas and Propagation, 2023, 71 (9): 7363-7375.

[164] NIE B, LU H, SKAIK T, et al. A 3D-printed subterahertz metallic surface-wave Luneburg lens multibeam antenna [J]. IEEE Transactions on Terahertz Science and Technology, 2023, 13 (3): 297-301.

[165] LU H, ZHU S, SKAIK T, et al. Sub-terahertz metallic multibeam antenna based on a sliding aperture technique [J]. IEEE Transactions on Antennas and Propagation, 2024, 72 (1): 290-299.

[166] ZHU S, LU H, SKAIK T, et al. A compact terahertz multibeam antenna based on a multimode waveguide beamforming structure [J]. IEEE Transactions on Terahertz Science and Technology, 2024, 14 (1): 122-125.